U0166704

天空中的知处风景

50 Things to See in the Sky

[英]萨拉·巴克(Sarah Barker) 著

[英]玛丽亚·尼尔森(Maria Nilsson) 绘

何治宏 译

北京联合出版公司 · 旧音
Beijing United Publishing Co.,Ltd.

本书献给每一个不断问"为什么"的孩子。

记住，永远不要停止好奇的脚步！

重要安全须知

　　记住，永远别低估了太阳的力量：如果没有合适的保护，直视太阳会对你的眼睛造成永久性伤害。如果你拿望远镜看太阳，一定要使用为观测太阳而专门设计的改进装置。儿童在用望远镜的时候，尤其在白天，家长应该予以监护。

目　录

序

我们头顶的天空中包含着无数的奇迹。白天，特别是在晚上，天空中都有无数的东西可供观赏。人们可以花上一生的时间观察天空，或者用整个职业生涯去研究天空相关的科学，但仍然会对在那里的所见所闻感到惊讶。

总的来说，我们演化成人类以来，便一直对天文学感到惊奇，甚至更久之前就已如此。纵观人类社会的历史（甚至史前），来自世界各地的文明都曾凝视星空。自古以来，一个个名字、故事和特殊意义被赋予了一群又一群的星星——也就是所谓的"星座"。天文学可能是地球上最古老的专业。

在拥有电视、计算机、平板电脑和智能手机之前，我们会仰望天空来寻求娱乐与消遣。刻画在星座图上的有神奇的生物、史诗般的战斗场面，以及人类的爱恨情仇。除了娱乐，组成特殊形状的星星还被用来导航，它们在天空中随着季节变换而出现的规律也被人们作为种植或收割农作物的参考，而月亮的相位则被用来衡量时间的流逝。

在现代社会中，由于日常生活中有许多令人分心的事，我们可能更容易忘记头顶上闪烁的星星。当然，明亮的灯光和闪闪发光的城市使现在的夜空比我们祖先那时要亮得多，有些本来存在的东西因此更难以见到。但是恒星仍然在头顶闪耀，彗星和流星也会出现在视野中，行星则依然在天空中飘移。事实上，我们现在可以看到许多曾经超出人类最狂野梦想的东西：恒星的诞生地、整个星系群，甚至其他恒星系统中的行星。

看这些天空中的壮观景象并不像你想象的那么难！你不需要配备全套的最新装备，也不需要把所有的钱都花在望远镜和高科技设备上。一般来说，你只需要你的眼睛和一片清晰、黑暗的天空。

本书分为三个部分：最容易看到且不需要任何设备辅助观测的天体或天象；可以从望远镜中见到的更具挑战性的天体；一些观察起来更有难度的天象。本书中的一些天体只能从北半球看到，有些只能从南半球看到，有些只能在专业望远镜的帮助下才能看到（或在网上查看图像）。然而，大多数是可以在某些时刻见到的。即使你自己无法看到它们，我也希望本书所展示的插图和文字足以让你对我们浩瀚天穹中存在的东西感到敬畏与好奇。

所以出去看看吧！即使是在世界上最繁忙的城市，这里也会有你能看到的东西，如流星、红超巨星和国际空间站（ISS）！但是我更鼓励大家到乡间去旅行，尽可能在远离路灯的地方度过周末或安排野营，还可以到比你以前去过的最北以北（或最南以南）去冒险，追逐极光。

风景远在天边——而天空没有边界。

萨拉·巴克

理想的观测条件
Ideal Observing

———

在开始仰望天空之前，你可以做一些简单的事情来确保具备最好的视野。这里有几种方法可以让你为成功"追星"做好准备。

越暗越好

　　本书涉及的许多内容只能在晚上看到。想观察天文现象，天空得越暗越好！尝试凝视远处的光点时，你会希望尽可能远离光污染的干扰。所以，远离明亮的灯光和灯火璀璨的城市：你离城市灯光越远，就越能看清天空中的东西。不管你的望远镜有多大或多强，如果在洛杉矶市中心或伦敦市中心使用它，你都将看不到太多东西。这也是专业天文台坐落在离大城市尽可能远的地区的主要原因之一，工作人员想确保他们使用的望远镜面对的是尽可能黑暗的天空。

到高处去

性能优异的望远镜通常也被设置在高海拔地区，比如夏威夷群岛的冒纳凯阿火山、加那利群岛的拉帕尔马岛，或智利阿塔卡马沙漠的高处。这是因为另一个可能影响观测效果的因素是地球大气层。你自己都可以感受到这点——每当看到恒星闪烁，其实这都是大气效应所导致的，它会影响你眼中所见的恒星。一旦站在足够高的山上，也就是身处更多的大气之上，你便会获得更好的视野。而且，由于你可能会在云层上方，所以遇到下雨或被云层遮挡视线的情况也将大大减少！

当然，克服大气影响的最好方法是把望远镜放得越来越高，甚至进入太空。这就是为什么哈勃空间望远镜能获得那些不可思议的图像（也是为什么宇航员能获得更好的视野）。然而，使观测设备都进入太空轨道是肯定不可能的，我们之中也没有多少人能一整晚待在天文台，但是也有其他的方法来让自己在地球上成功观星……

明智选择你的观星夜晚

查看天气预报，如果天气是多云，那你最好重新定个日期，或者换个观测地点，云量为零是最理想的条件。另外，如果你想找寻更暗淡的天体，最好等新月[1]之夜的到来，或者较平常月亮会升起得晚一点儿的夜晚——当然，除非你就是想去看月亮……

---

1 即农历月初看不到月亮，或者月牙新露时的月相。——译注（后文若无特殊说明，均为译注）

调节双眼

　　另一个重要的技巧是花些时间让你的眼睛适应黑暗。正如你可能经历过的那样，在晴朗的日子走进电影院或光线昏暗的房间时，我们的眼睛需要一段时间来适应，方能看得清楚。如果你晚上出门准备看星星，也会发生同样的情形。一开始，你只能看到最亮的星星，但经过几分钟持续的黑暗，眼睛便会注意到越来越多的星星。

　　我们的眼睛要花很长时间才能完全适应黑暗的天空，大约需要 20~60 分钟！在这段时间里，你需要完全投入黑暗中。哪怕 15 分钟后出现的一丁点儿闪光就能让你的眼睛恢复到原来的样子，这很烦人，所以一定要把手机关掉！如果你发现自己需要一盏灯，就用红色的。红光不会破坏你对黑暗的适应能力，而且有很多很好的 LED 头灯有暗红色挡，这对观星人来说是明智的选择。

天文望远镜与双筒望远镜

现在有很多令人眼花缭乱的望远镜，根据你的需要来选择合适的望远镜可能会非常复杂。你想要便携式的？价格合适的？易于使用的？适合年轻观星人的？性能强大的？生活中也能通用的？这是一个需要在这些优先考虑事项之间平衡的选择，可能需要做一些攻略来为你找出最适合的望远镜。购买一个像样的望远镜是一项重大投资，你必须弄清楚如何使用它、如何维护它，以及把它存放在哪里，等等。

我的建议是以后再来考虑望远镜的事。先利用你的眼睛，抓住想要观星的心理时机，然后搜索当地的天文爱好者团体，看看

他们什么时候组织下一次观星活动。在自己许愿购买望远镜之前，这是一个在专家帮助下试着通过望远镜观察天空的绝佳机会。

如果你想用肉眼看到更多东西，但还没有准备好使用天文望远镜，可以考虑先购买一副双筒望远镜。与天文望远镜相比，这种望远镜更容易使用，也更容易安装，而且一副像样且便于使用的双筒望远镜可能是带你迈入下一步天文观测的更经济实惠的方式。根据所选设备的不同，你可以比单用肉眼时看到的星星多50倍。

选择双筒望远镜时，你会注意到它上面有两个数字，数字以"×"连接，例如 8×50 或 11×75。左边的数字是放大倍数，即双筒望远镜的放大能力；右边的数字是口径，即前面的大玻璃透镜的直径。你可能会想，越大越好，尽可能追求高的放大倍数，但高倍望远镜可能会又大又沉。第一副望远镜最好买一个小巧便携且不需要三脚架的。最大放大倍数为 10 倍，口径小于等于 50 倍的双筒望远镜应该就能派上大用场，让你看到更多的星星！

星空导航

Navigating the Skies

———

  我们头顶上是一片古老而辽阔的天空，在它上面"把路找准"需要花费一段时间。本书包含了很多寻找不同星座和其他迷人恒星景观的方法，同时也有一些可能会对你有所帮助的背景知识。

知道自己所在的位置

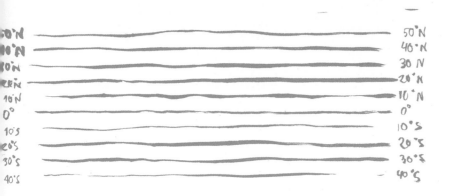

你所看到的星星取决于你所处的世界方位。根据你所处的位置，可以看到完全不同的星星，星座的方位可能也会改变。同样地，根据你所处的位置，本书介绍的事物看起来既可能是上下颠倒的，也可能是前后颠倒的，还有一些事物要在某些特定纬度上才能看到。这意味着什么呢？纬度是可以衡量你与赤道的距离，赤道是一条围绕地球中部的假想线，将地球分成几乎相等的南北两个半球。如果你在赤道以南，那么你就在南半球；在赤道以北，你便在北半球。每个半球分为 90°，0° 代表赤道，90° 代表极点。澳大利亚悉尼的纬度约为南纬 34°，美国纽约市约为北纬 40°，英国伦敦更北，不过仍在北纬，是 51.5°。有时，纬度圈也叫平行圈，例如，纽约位于北部第 40 平行圈。

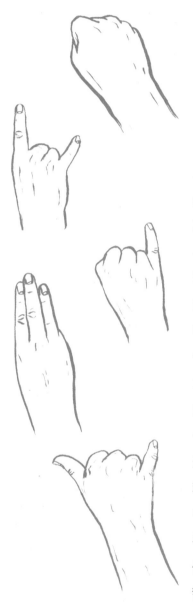

用手丈量

另一个你可能还会看到"度数"的地方与天空本身有关。天文学家用度数来测量天空中天体之间的距离，类似于在地球上的使用方式：0°对应地平线处，90°是你头顶上的点——天顶。在这两点的中点是45°。更小度数衡量起来有点儿难，但幸运的是，你可以用自己的手作为向导。握拳，手臂伸直，手背朝着自己。你的拳头宽约10°。把你的小拇指向上伸，它的宽大约1°。满月大约是0.5°，所以你应该能用小拇指完全遮住它。你也可以把你的小拇指和大拇指分开，得到大约25°；你的食指和小拇指分开是大约15°；你中间三指并排是5°左右。当向导说"看西南方向15°的这个天体……"时，结合这种方法可以帮助你找到方向。

星 图

你对夜空的看法取决于你在哪里看、在什么时候看，所以没有一张星图可以适用于每个人。星图是特定地点、特定日期的夜空图。你可以在天文学杂志上找到这些，或者使用免费的在线资源。你只需打印出你想去观星那晚的星图，但要确保你拿着它的方向是正确的。如果你拿着星图正对北方，就使"N"代表的北方在页面的底部，而"S"代表的南方在顶部。如果你转向南面，则旋转星图，使方向相反。

手机应用程序

如果上一项听起来让你有点儿困惑，或者如果你不想每次观星都打印一张新的星图，那也不要担心——有应用程序可以完成这些！我发现星图应用程序特别有用，因为它们可以实时反映你的方位。当你将手机从西向东转动，或将其举得更高时，这些应用程序将刷新它们的屏幕显示，呈现出你面对新方向时应该能够看到些什么。如果你打算在漫漫星空下度过一个漫长的夜晚，一定要带上充电器。此外，将屏幕背景光线设置为红色，这样你的眼睛可以适应黑暗。

其他技巧和工具
Extra Tricks and Tools

———

　　到目前为止，你应该对去哪里、什么时候去以及带什么有了很好的了解，但是在你出发寻找天上的风景前，这里还有一些提示来帮助你最大限度地观赏夜空。

加入天文爱好者团体

当你尝试一些新的东西，或者有很多问题时，找到其他有相同兴趣的人是很有帮助的。谢天谢地，有很多人对天文学感兴趣。事实上，各地都有天文爱好者团体。许多组成这些团体的天文爱好者都非常乐意把他们的望远镜带到当地公园或活动的"星空派对"上，并且让你拿它观测。在线搜索离你最近的团体，考虑一下要不要参加他们的下一次活动。

慢慢来

如果你非常想充分观赏天空，那就让自己舒服地沉浸其中吧。比如带上一条温暖的毯子、一把舒适的露营椅，还有零食和饮料，以及与一些美妙音乐相伴，尽情享受有星空陪伴的夜晚，或者整夜寻找流星或仰望银河。花几个小时凝视天空也许可以留下伴你终生的回忆。

保护你的双眼

你永远不要在没有适当保护的情况下直接盯着太阳看。仅凭肉眼直视太阳就会对你的眼睛造成永久性伤害，用望远镜直视太阳更可能是灾难性的。并且，戴太阳镜并不是正规的保护措施，如果想看太阳，那么确保你有经过国际标准化组织（ISO）认证的特殊眼镜，如果使用望远镜，也要确保你使用了正确的太阳滤光片。

裸眼观天

Naked Eye

———

　　本书的这一章展示了最大、最明亮和最容易观测的天空奇观。从普通有规律的星座到壮观的天文现象,本章应该有很多静待你来享受观赏的乐趣。本章中的大多数天体都可以在没有任何专业设备的情况下"享用",是初级观星者的理想选择。有些现象可能会要求观星者身处世界某个特定的地方,或者只在特定的条件下才能观察到,但这仍然是令人着迷的。最后,当你发现自己在正确的时间、正确的地点,希望你也能确切地知道那些在天空中闪耀的发光体是什么……(提示:见第70页)

1

银　河

　　银河由我们银河系的一大群恒星组成，它们在夜空中闪耀着光芒。银河系中至少有 1000 亿颗恒星，我们有幸能在夜空中看到银河系的形状，是因为我们在这个星系的"郊区"。我们离银河系中心大约有 2/3 的银河系宽度那么远，所以在夜晚朝着它的方向观察时，我们的视线中能看到这条迷人的星带。埃及人称它为天上的尼罗河，认为这是他们的大河向天空的延伸。在北欧，它被称为鸟类的通道，因为人们认为候鸟利用银河系导航。你可以根据一只"鸟"——天鹅座所在的位置来找到它。

1. 在北半球的秋天，去一个超黑暗的地方！天空越暗，你就越能看到银河。选择一个没有云的无月之夜，尽量远离城市的灯光。

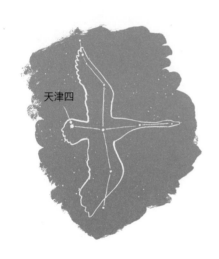

天津四

2. 寻找天鹅座。这是一个美丽的对称星座，其中有一颗非常明亮的恒星，它就是位于天鹅尾部的天津四，两翼朝外伸展的躯体中间是恒星天津一。

3. 天鹅正沿着银河飞行！看到天鹅座，你也就直接看到了银河，以及数十亿颗恒星发出的柔和光芒。

2

被群星隔开的
不幸恋人

夜空中两颗明亮的星星——牛郎星和织女星——讲述了一个流传几千年的传说。在中国古代传说中，一个身份低微的牧牛男孩（牛郎星）深深爱上了一名仙女（织女星）。可悲的是，他们的爱情不被允许，于是两人被迫生活在一条大河（银河）的两岸。

这对情侣每年只能在农历七月初七见面一次，那时一群喜鹊会在河两岸架起一座桥。每年的这一天，中国民众会用七夕节来纪念这个传说。日本也有相关的纪念节日。

牛郎星距离地球约 17 光年，是肉眼能看到的距离较近的恒星之一。织女星距地球约 26 光年，但由于它比牛郎星大得多，温度也更高，所以看起来更耀眼——事实上，织女星是天空中亮度极高的一颗恒星。无论在哪里或在什么时候，你看到的这两颗恒星都永远位于银河系的两侧。

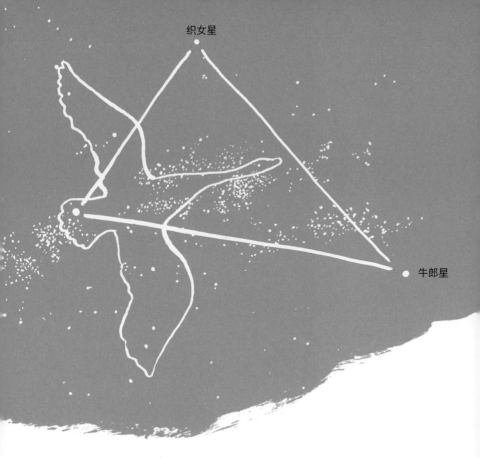

织女星

牛郎星

1. 按照第 25 页的方法找到天鹅座。

2. 寻找天鹅座中最亮的恒星天津四，然后寻找另外两颗与天津四组成三角形的明亮恒星。它们组成的这个图形叫作夏季大三角。

3. 这两颗星星分别是织女星和牛郎星，是"被银河中的恒星隔开的不幸恋人"。如果条件允许你看到银河，你便能注意到它处在这两颗恒星之间，就像恋人相望于银河两岸。

3

如何找到（当前的）北极星

几个世纪以来，北极星一直忠实地指引着旅行者，它也许是北半球最著名的恒星——但不是最亮的！（该荣誉属于天狼星，见第 46 页。）它总是能帮我们指出北方。如果你能找到北极星，就能找到北方。这是因为它位于北天极的直线上。这不仅适用于天文导航，也适用于长时间曝光拍摄——北极星在"星轨"照片中创造了一个看似固定的点，所有其他恒星都会围绕着这个点旋转。

要点知识！

北极星并不总是指向北方！我们生活在地球历史上一个奇怪的时期，一颗名为勾陈一的恒星处在极点位置，它正好位于我们地球的自转轴线上，但情况并非总是如此。埃及人建造金字塔时，是一颗名为右枢的恒星处于极点位置。

1. 寻找大熊座，特别是其被称为"北斗七星"的区域。这个星座由七颗星组成，形状有点儿像平底锅。

2. 看看"平底锅"的把手，想象一条假想线，从把手末端开始，向着"平底锅"方向往下看，然后沿着"平底锅"的底部看。

3. 找到平底锅的远侧。构成这一侧的两颗星被称为指极星。

4. 所谓指极星，便是指向北极的星星。穿过两颗指极星，沿"平底锅"的远侧画一条线，一直沿着直线看，你遇到的下一颗亮星就是北极星！

4

下一任北极星

勾陈一标明北极点所在位置的时间是有时限的；一个继承者正在等待时机——仙王座 γ 星（也被称为少卫增八）。由于一种叫作岁差的效应，北天极的位置是略微变动的，但与天空中的背景恒星相比，这变化微乎其微。其中存在一个变动周期，26,000年重复一次，所以大约 2000 年后，仙王座 γ 星会成为指出北天极的标志。然而，与此同时，这颗星星值得欣赏有两个原因。第一，它是一对双星，由一颗类似太阳的明亮恒星和一颗较暗的红矮星组成，围绕着一个共同的质心运行，这被称为双星系统。第二，它有一颗行星！仙王座 γ 星是人类发现的第一个拥有行星的双星系统，它巨大的运行轨道几乎是木星轨道的两倍。

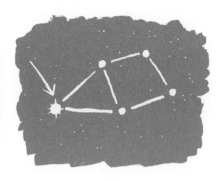

1. 仙王座 γ 星位于仙王座。对于足够北的地区，这个星座绕着北天极的拱极星座（全年可见），在一年中的至少一部分时间里，它的可见距离最远可达南纬10°。它看起来有点儿像五边形，或者一个简单的房子形状（仙王座 γ 星是房子的顶端），但不像其他星座那么明亮。让我帮你找到它……

2. 用犁形的北斗七星找到北极星（见第29页）。伸出握紧的拳头，把一边靠近北极星。在你拳头的另一边（与犁的方向相反），你应该就能找到仙王座 γ 星。

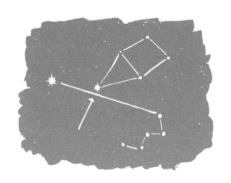

3. 或者找到仙后座（见第50页），从"M"（或"W"）中更深的"V"形的末端恒星向北极星画一条线，仙王座 γ 星的位置刚刚超过这条假想线的中间点。

5

"阿波罗 11 号" 着陆点

夜空中最容易看到的美景就是我们的月亮。如果你有双筒望远镜或小型天文望远镜，会很快注意到月球上充满了迷人的细节，但即使只用肉眼，你也能看到一些迷人的特征，包括人类首次登月的地方！月球上的暗斑被称为"月海"，因为早期的观察者认为这就是它们的本来面目——月球上颜色暗淡的液体海洋。但这并不完全正确；我们这颗最珍贵的自然卫星表面上的"暗斑"是古老火山喷发时射出的玄武岩形成的，但以海洋命名的方式仍然存在。其中最著名的是静海。1969 年 7 月 20 日，"阿波罗 11 号"任务中的两名宇航员成为第一批在月球表面行走的人。他们的登陆点就位于静海。

第谷环形山

1. 选择一个满月的夜晚，对于北半球的观察者而言，可以通过寻找位于月球表面一座显著的环形山——第谷环形山来确定自己的方位。

2. 接下来，在第谷环形山所在位置的另一侧寻找类似龙虾爪子，也可以说类似兔子耳朵的黑色区域。这里的主要部分就是静海。

3. 从第谷环形山口向静海画一条假想线，你看到的第一个黑暗地带就是"阿波罗11号"的着陆地点——人类曾在那里行走过！

6

宇航员
（国际空间站）

　　你知道宇航员现在正在绕地球轨道飞行吗？国际空间站自
2000 年以来一直有人居住，每天绕地球航行 16 圈！多亏了巨大的
太阳能电池板，它的大小相当于一个足球场。它所处的轨道高度
距离地球表面约 400 千米。它的乘员由 3 ~ 6 名来自不同国家的
宇航员组成，他们以 8 千米 / 秒的速度疾驰而过，比子弹的速度
快了 9 倍！尤其妙不可言的是，你用肉眼可以很容易地看到国际
空间站。事实上，除了太阳和月亮，它有时是夜空中最亮的物体。

1. 查查看国际空间站什么时候会经过你所在的位置。有许多免费的应用程序和网站可以帮你解决这个问题，有些甚至可以给你发送提示，例如 www.spotthestation.nasa.gov。

2. 在太阳下山后的几个小时内，或者就在它升起之前，太阳光能照射到空间站的太阳能电池板上，但不会反射到地球表面。这提供了完美一瞥国际空间站的观看条件。

3. 到外面去，试着找一个远离建筑物和树木的开阔地，以便最大限度地利用你能看到的天空。国际空间站将看起来像一颗非常明亮但会快速移动的星星。

4. 如果天气好，国际空间站又刚好从你头顶沿着弧线轨道飞过，你也许可以盯着它看五分钟以上。谁知道呢，说不定宇航员也在看着你呢……

7

流　星

　　像子弹一样划过天际的实际上不是恒星，而是短暂出现的流星，它是在我们的大气层中燃烧的小块太空碎片，其中一些像沙粒一样小。不过，尽管它们很小，但很夺目——常常在夜空中形成壮观的光带。如果流星没有在大气中完全燃尽，一部分落到地面上，那么它就成了陨石。

　　快许个愿吧！几千年来，人们一直认为看到流星是幸运的，但发现一颗流星并不需要花太多运气。在一个普通的夜晚，每 15 分钟你就会看到一颗流星，如果在流星雨到来的夜晚选择出去瞧瞧，你会看到更多。流星雨发生在地球经过彗星留下的水冰和尘埃碎片时（见第 40 页），一年会发生多次，在全世界都可以看到。

1. 今晚到外面去，躺下来，准备得舒服点儿，等待 15 分钟，你应该就能看到一颗流星！

2. 为了增加你看到流星的概率，在有流星雨的日子再看一次吧——在线查看下一次发生在你所在地的流星雨的时间，或者参考以下粗略指南：

天琴座流星雨——4月

英仙座流星雨——8月

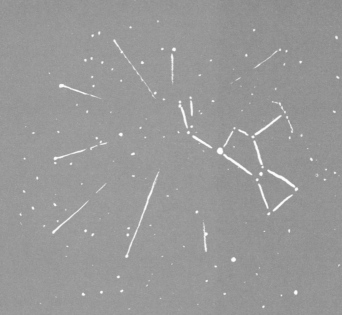

猎户座流星雨——10月

狮子座流星雨——11月

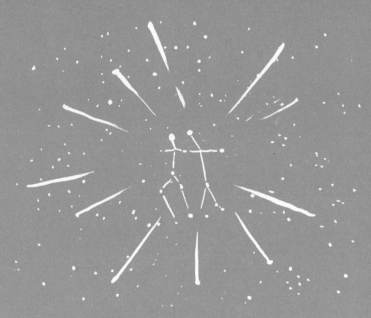

双子座流星雨——12月

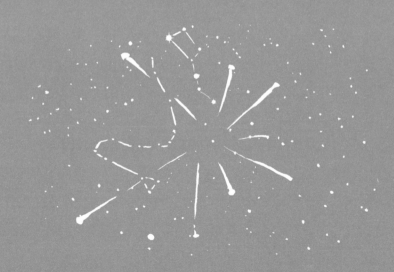

象限仪座流星雨——12月/1月

8

哈雷彗星及其他彗星

彗星很迷人。一些天文学家认为它们是太阳系形成的遗迹，甚至可能是地球上一部分水的来源……它们由大量的尘埃和水冰组成，一个轨道周期内，大部分时间花在我们太阳系的外围。偶尔，它们的椭圆轨道会把它们带到太阳系内部，地球上便可见到它们的踪影，有时甚至用肉眼也能看到。它们有两条截然不同的"尾巴"（一条由尘埃构成，另一条由电离气体构成），彗星离太阳足够近时便会形成。最著名的彗星是哈雷彗星，它大约每76年运行到地球附近一次。与哈雷彗星的下一次相遇是在2061年，但如果你不能等那么久，别担心！你有两个选择……

1. 每年你都能看到哈雷彗星碎片形成的流星雨！每年 10 月，当地球经过哈雷彗星留下的水冰与尘埃遗迹时，我们都会看到猎户座流星雨！哈雷彗星丢弃的微小碎片在地球大气层中燃烧，你可以看到多颗流星——也许能达到每小时 50 颗。

2. 寻找另一颗彗星！尽管超级明亮的彗星数量很少，而且与我们相隔甚远，但每年都有少数彗星可以通过小型望远镜看到。事实上，天文爱好者和"彗星猎手"利用小型望远镜发现了许多彗星。你可以在线查查，看是否有看到彗星的可能，或者学习如何自己寻找彗星。

9

一条著名的"腰带"

　　猎户座是一个夜空中引人注目且容易看到的星座。猎户座具有独特的图案，在地球上很多地方能够看到它。辨识度较高的形状和多样的颜色使它很容易被发现，这个引人注目的星座几千年来一直激发着人类的想象。两颗明亮的巨星（参宿四和参宿五）标记着"猎户"的肩膀，另外两颗（参宿六和参宿七）标记着他的膝盖，而三颗连续的明亮星星构成了他著名的腰带，从腰带上你可以看到他的剑。在他的左臂上，你还可以看到他的弓。

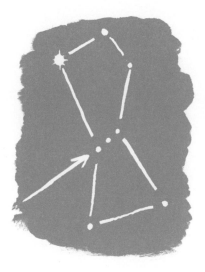

1. 观看猎户座的最佳时间是在 1~3 月。在北半球，到了晚上向西南方向看，试着找到组成猎户座腰带的三颗排成一排的星星。

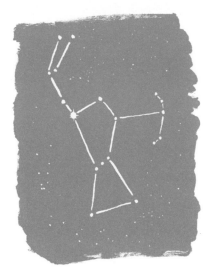

2. 从那里，你应该可以看到他的肩膀和脚，如果够黑，也许还能看到他的弓。在南半球，往西北方向看，如果你所处位置靠近赤道，猎户座就会出现在西边的天空中。

要点知识！

你看猎户座的次数越多，就会发现越多——尤其是如果你能使用双筒望远镜或天文望远镜。这个星座里隐藏着双星（见第 110 页）和美丽的星云（见第 84 页），甚至还有一颗注定要爆炸的超巨星（见第 44 页）。

10

一颗红超巨星（参宿四）

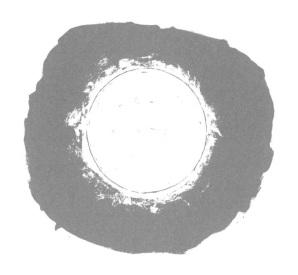

参宿四是一颗红超巨星。它直径约 14 亿千米，尺寸之大如果把它放在太阳系中间，那么它将延伸到火星的轨道之外，甚至可能延伸到木星的轨道。与猎户座的另一个"肩膀"参宿五相比，它们在肉眼下的亮度大致相同，而且由于它们位于同一个星座，如果你认为它们在太空中距离彼此很近，也情有可原。但事实不是这样！参宿四离我们大约 640 光年远，而参宿五离我们只有 240 光年远。参宿四是如此明亮，你可能会被"欺骗"，从而认为它很近。参宿四发出的光至少相当于 50,000 个太阳，而且它的年龄远不如我们的太阳那么大。

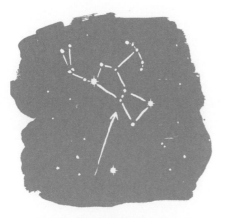

1. 寻找位于一条线上，构成猎户座腰带的三颗星。

2. 在"腰带"的左上方，接下来，你看到的最亮的恒星应该是微红色的。

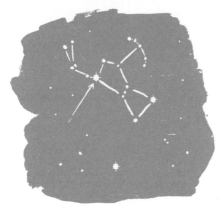

3. 这个是参宿四——猎户座的右肩。

要点知识！

在未来的数百万年内（在天文学概念中这是很快的），参宿四将成为超新星。这意味着它将耗尽燃料，在自身的引力作用下坍缩，并发生惊人的爆炸。它将非常明亮，从地球上看，这个过程会持续几个星期，甚至可达数月之久。

11

"狗" 星

狗星是天狼星的昵称，天狼星是我们的夜空中最亮的恒星。从名称在古希腊语中意为"发光"开始，天狼星就成了大犬座的核心。它由这些早期的天文学家所命名，被看作一只忠实的猎犬跟随猎户座的猎人穿行天空。其他文化中也将天狼星与犬科动物联系在一起。古代中国人即称之为天狼星，一些美洲原住民部落也把它与狼和郊狼联系在一起。它就在距离我们 9 光年之外，是十分靠近地球的恒星之一。它发出明亮的白色光或蓝白色光，但当在天空低处或不稳定大气中发光时，它看起来则是以不同的颜色在一闪一闪地发光。

1. 在北半球的冬天，寻找"猎人"猎户座

（见第 42 页）。

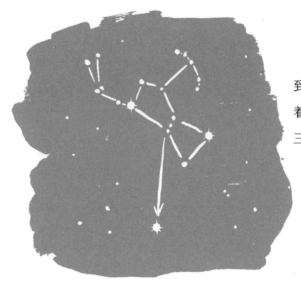

2. 以从左臂到右臂的方向沿着猎户座腰带上三颗星的方向走。

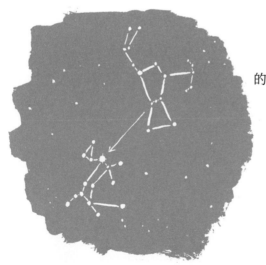

3. 你看到的明亮的恒星就是天狼星！

4. 在北半球夏末的早晨，你可以于黎明前在东方的天空中寻找天狼星。

12

受惩罚的王后

对身在北纬34°及其以北地区（例如纽约、伦敦、马德里、东京）的人来说，有一个独特的星座全年可见。它由五颗主星组成，乍一看有点儿像字母"M"或"W"——这是仙后座，以希腊神话中虚荣的王后卡西俄珀亚的名字命名。在北纬34°及其以北地区，仙后座是绕着天极旋转的拱极星座，这意味着它永远不会消失在地平线以下。根据你看到这个星座的时间和地点的不同，绕着极点运行的它会看起来像一个"M"或"W"。

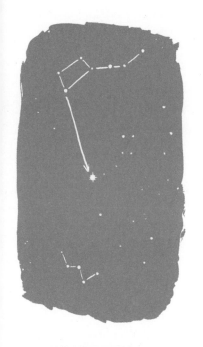

在希腊神话中，卡西俄珀亚是一位埃塞俄比亚 * 王后，她夸耀自己有着无与伦比的美丽。她声称自己比海中的仙女更美时，海神波塞冬便派了一只怪物毁坏她的国家。为了安抚怪物，王后把女儿安德洛墨达（仙女座）作为祭品。后来公主被英雄珀尔修斯救了下来，波塞冬惩罚了卡西俄珀亚，把她永远拴在了北方天空的王座上。

1. 用北斗七星寻找北极星（见第 29 页）。

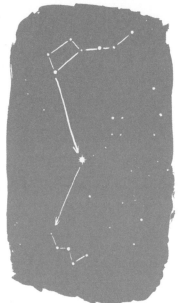

2. 从北极星朝着北斗七星相反的方向看，你应该就会发现仙后座独特的 "W" 或 "M" 形。

* 彼时希腊人认为，埃塞俄比亚是位于大地最南端的国家。此处所指的是埃及以南的所有非洲地区。

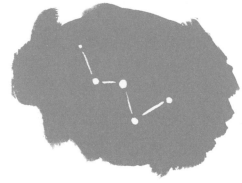

13

昴星团

　　它也许是夜空中最著名的星团。昴星团，或者叫七姊妹星，自古以来一直吸引着观星者的目光。昴星团有着丰富的神话和传说，而它实际上是由大约 1 亿年前同一片巨大的气体云坍缩形成的数百颗恒星组成的。即使是在光污染最为严重的城市里，你也应该能在一个足够晴朗的夜晚看到几颗星星挤在一起，但是如果你能在某个黑暗的地方花些时间让你的眼睛适应暗淡的光线，也许能够在它里面辨认出 10 颗甚至更多的星星。昴星团最好的一点是，它们最北可以从北极看到，最南也可以从巴塔哥尼亚地区看到！在北半球见到它们的最佳时间是 10 月底和 11 月，那时它们几乎从黄昏到黎明都在闪烁光芒。

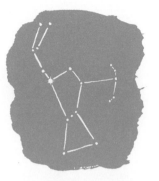

1. 寻找猎户座（见第 42 页）。

2. 沿着猎户座腰带的路径，从右臂向左臂的方向看，穿过弓顶端的星，一直找到夜空中下一颗最亮的恒星。

3. 寻找一个看起来有点儿像"V"字形的星座，这是金牛座的一部分。如果月亮很亮，或者离其他光源很近，你可能看不到金牛座头部的"V"字形，但是你应该能看到它"明亮的眼睛"——毕宿五。

4. 继续向右看，你应该能看到聚集在一起的一群星星——这就是昴星团！

14

月 晕

你有没有注意到月亮周围有一个巨大的圆形光晕？这是由大气中微小的六角形冰晶形成的，与天空中距地面至少 6000 米高度的薄卷云有关。

月球反射的光通过这些微小的冰晶时，它们就像小透镜一样，使月光的传播方向发生偏移。由于这些晶体彼此几乎相同，因此它们也都使光线发生同样的偏移——通常是 22° 左右，这就是为什么月晕也被称为 22° 晕。

月晕与彩虹的效果相似；如果仔细观察，你会发现光晕的内边缘比外边缘更红，就像彩虹一样。同样的现象也会发生在太阳身上，它会产生一种被称为日晕的光学效应。

1. 选一个天空中有又高又纤细的卷云但相对晴朗的夜晚观看月亮。

2. 最好选择一个满月或接近满月的夜晚，让它尽可能明亮。

3. 如何寻找这个环绕月亮的圆呢？把双臂伸直，然后对着月亮攥紧拳头，那么你双拳的宽度大约就是月晕的大小。

要点知识！

你看到的月晕或日晕都是独一无二的。每个人都会看到略有不同、独属于自己的光晕，就好比你看到的光穿过特定的小冰晶，进入了你特定的视线。

15

晨星：金星

这是一个天体的名字，它最容易在黎明前的几个小时内被看到，不过它通常指的不是恒星，而是一颗行星：金星。

金星是离太阳第二近的行星（仅次于水星），通常是离地球最近的行星。但是你不会愿意去那里的。因为金星表面温度超过460℃，它的大气由二氧化碳和硫构成——对我们人类有剧毒！有趣的是，金星的自转方向与太阳系中大多数行星相反，而且非常非常缓慢。一个金星日（在其自转轴上完成旋转一周所需的时间）约相当于243个地球日，这比金星上的一年（绕太阳旋转一周所需的时间）的时间还长！

    在夜空中，金星永远不会离太阳太远，因此最好在黎明的东方天空中观看它，或当金星是昏星时，在黄昏的西方天空中观看它。它的位置取决于相对太阳的位置：带领着太阳划过天空的话，它就在早晨出现；尾随太阳落下的话，它就在日落后逗留。金星在天空中不会升得很高，但它很容易被发现，因为它看起来比任何其他行星或恒星都亮。

要点知识！

    你完全可以自行判断出看到的是行星而不是恒星，因为行星不会闪烁！恒星之所以一闪一闪的，是因为它们离地球过于遥远，这意味着它们在夜空中以小小的光点形式出现，小到大气中的温度变化便会影响它们的亮度。而行星离我们足够近，所以在我们的眼中显得更大一点儿，并且因此也可以摆脱大气的影响。

16

绿 闪

绿闪是一个明亮的绿色光峰，可以在太阳正在落下的时候看到它。当太阳几乎完全落在地平线以下的时候就会发生这种现象。只有最微小的一条顶边仍然可见，就在这一瞬间，那一小片阳光可以呈现出明亮的绿色。

是什么导致了这种绿色闪光呢？阳光照射到大气中时，会折射到地球上。这意味着观察太阳时，我们实际上看到的是一个略高于其真实位置的图像。

阳光的不同组成颜色（见第 72 页"蓝天"）都发生了不同程度的折射，蓝光的折射率比红光的大。日落时，当圆圆的太阳开始接触地平线，它的下部看起来更红，上部看起来更黄。随着下半部分消失于地平线上，我们会逐渐失去红色，然后是橙色，然

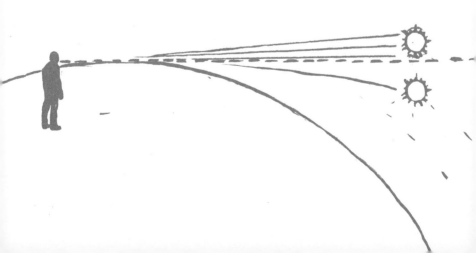

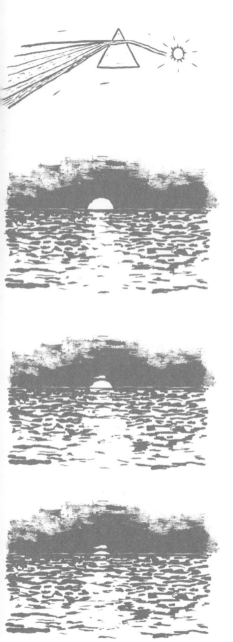

后是黄色，最后留下绿色和蓝色。但是，由于空气分子会散射蓝光，这时便只留下一种颜色发光——绿色！

1. 去一个视野开阔的地方。理想地点是海滩，甚至是出海的船上，在那里你可以获得广袤且毫无遮挡的视野。选择一个没有云的日子，看到它的概率会更大。

2. 等待太阳落山前的最后时刻，看着日落。你能看到一小片绿色吗？

3. 和任何与太阳有关的观测一样——保护好你的眼睛！不要直视太阳。事实上，在最后一刻之前都不要看太阳！如果花太长时间观看落日，这可能会损害你眼睛的灵敏度，还可能会让你一并错过绿闪时刻！

17

日 食

月球通过地球和太阳之间时，如果三者刚好排成一条直线，月球完全遮挡了太阳光线，那么就会出现日全食。此时就好像白昼在几分钟内变成黑夜，只能看到太阳最外层（日冕）幽灵般的"卷须"。这是一个幸运且惊人的巧合：太阳的直径几乎正好是月球直径的 400 倍，但太阳正好离我们大约有月球的 400 倍远。如果太阳再大一点儿，或者月球再远一点儿，都不会发生日全食。事实上，月球正以约 4 厘米 / 年的速度远离地球，这意味着在几亿年后，从地球上看到的月球会显得更小，日全食将不再能发生。

1. 查查下一次日全食将于何时发生。这种天文现象特别方便观察的一点是，它们是可以精确预测的。天文学家可以很确定它们将在何时何地发生，你只需奔赴可观测地（希望天公作美）即可。

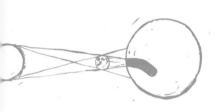

2. 确保你在"全食带"上，也就是到时全部阳光会被月球阴影遮挡住的地域。

3. 戴上适当等级的安全眼镜！日食时盯着太阳会对眼睛造成永久性伤害，千万不要冒险。

4. 等待月球开始遮挡你视野中的太阳！一旦月球边缘开始与太阳边缘重叠，"第一次接触"就发生了，日食也就开始了。月球完全遮挡住太阳时，就被称为日全食，是日食的最大相位。当天空变暗，温度下降，动物便会开始变得不安……

18

超级月亮

　　"超级月亮"——特别大、特别明亮的月亮，是一个相对较新的术语，它是一个已经发生了几千年的天文事件。超级月亮会在以下两件事同时发生时出现：第一，满月；第二，月球接近距地最近位置。月球的公转轨道不是一个完美的圆，而是一个稍长的椭圆形。这意味着地月距离在每个月都会有所变化。平均而言，月球距离地球约 38.3 万千米；在最远点（远地点），地月距离是 40.5 万千米，而在最近点（近地点），地月距离可能只有 36 万千米。这些轨道变化是地球、太阳甚至太阳系中其他行星的引力作用造成的。

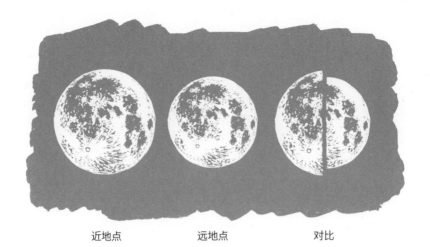

近地点　　　　　远地点　　　　　对比

1. 超级月亮每年会发生好几次。

2. 记下月亮升起和落下的时间，这样你就可以在月亮最接近地平线时寻找最壮观的景色了。

3. 如果你真的很擅长提前规划，那么请在你的日历上标出 2034 年 11 月 25 日，那时你将看到自 1912 年以来最近距离的超级月亮；还有 2052 年 12 月 6 日，那将是 21 世纪里距离我们最近的超级月亮！

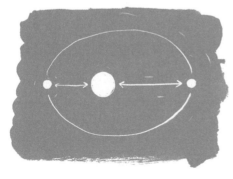

要点知识！

超级月亮比其他满月明亮了 30％、大了 14％。然而这实际上不足以让肉眼明显察觉到。如果你认为月亮看起来比平时大，这可能是月亮带来的错觉，也就是月亮接近地平线时，你的大脑会觉得它特别大。

19

夜光云

它们是大气中最高的云，只有在夜间才可见。它们的光谱组成在夏夜十分引人注目。它们是能发出夜光的云吗？是的是的！夜光云形成于大气的中间层，距离地球表面高达 80,000 米，那里的温度可以降到 –100℃！它们一缕缕发光的部分很可能是由冰晶组成的。国际空间站上的宇航员甚至也曾看到过它们！有报道称，过去有特别明亮的夜光云，据说反射的光线足以让人们在夜间阅读报纸。这些事例可能是火山爆发和小行星撞击之后发生的。

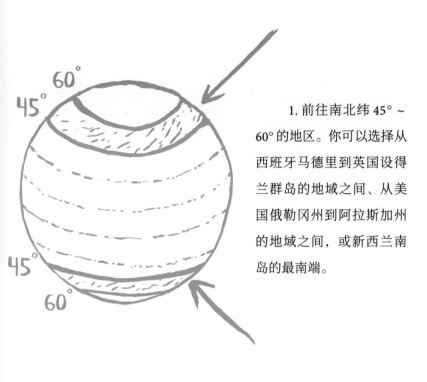

1. 前往南北纬 45° ~
60° 的地区。你可以选择从
西班牙马德里到英国设得
兰群岛的地域之间、从美
国俄勒冈州到阿拉斯加州
的地域之间，或新西兰南
岛的最南端。

2. 为了抓住观察的最
好机会，在夏天要留心：
选择北半球 5~8 月的夜
晚，或南半球 11 月至次年
2 月的夜晚。

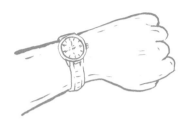

3. 在黎明前或日落后两个小时左右设置个提醒，让你记得抬头仰望，因为从地面看不到太阳却能在更高的高度看到它的光线时，这些云最容易被发现。

4. 在大型火箭发射后的一两天，夜光云有时是可见的，因为火箭的燃料燃烧后将大量的水喷入高层大气。所以赶上太空探索技术公司（SpaceX）或美国国家航空航天局（NASA）计划将一些大东西送入太空时，请特别留意！

要点知识！

夜光云是一个有用的指向标，可以显示高海拔地区大气的情况，有助于科学家们研究气候变化。

20

南十字座

正如北极星在纬度较高的北方全年可见，南十字座在纬度较高的南方也全年可见。它是 88 个通用星座中最小的一个，但几个世纪以来一直用于导航，因为它可以用来寻找南天极。南十字座对几个南半球国家具有重要意义，不少于六个国家的国旗上有它的身影。在美国佛罗里达州或夏威夷州最南端的地区，一年中也能短暂一瞥它的身影，但为了获得良好的视野，应前往南纬35° 及其以南地区。南十字座由四颗星组成，在某些人看来有点儿像风筝，因为组成的图形中一段比另一段长。较长段指向南方，但与北半球不同的是，没有恒星直接坐落在南天极上，你可以用另外两颗恒星来确保能寻找出正确的位置。

1. 找到南十字座。这四颗明亮的恒星以一种极易识别的图案结合在一起。如果你仔细观察，会发现它实际上是由五颗恒星结合在一起的。

2. 在附近寻找另外两颗明亮的恒星；它们是两颗指极星，位于半人马座。

3. 沿着南十字座的长段上画一条延长线，再在指极星的中间画一条垂直线。

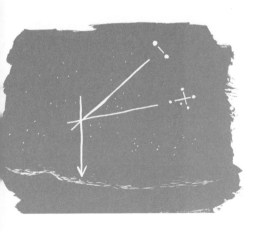

4. 这两条线的交会点就是南天极！从这一点往下看，与地平线相交的点就是正南方。

21

极 光

在夜空中，这些令人沉醉的色带迷住了所有有幸看到它们的人。在北半球，它们被称为北极光；在南半球，它们被称为南极光。人们千里迢迢地旅行，试图一睹这场自然光表演的风采。但它到底是什么呢？

事实证明，这一切都与磁场有关。地球和太阳都有自己的磁场。太阳更是有许多磁场，当它自转时，这些磁场缠绕在一起，形成了所谓的太阳黑子（见第 82 页）。带电粒子流（太阳风）可以从这些太阳黑子区域外溢，速度达到 800 千米 / 秒！当这股太阳风到达地球，会被地球的磁场吸引到两极，在那里，它与大气中的带电粒子相互作用，产生令人沉醉的极光！

要点知识！

极光也会出现在其他行星上！木星、土星、天王星、金星和火星上都能产生某种极光。毋庸置疑，太阳系以外的行星也具有自己的北极光或南极光！

---

1. 在极圈地区经历漫长又黑暗的冬季极夜时，去那里看看吧！

2. 为了抓住观察的最好机会，选择太阳活动频繁、容易产生太阳黑子的年份。太阳黑子的活动周期为 11 年，下一个活跃年预计是 2024 年，所以为了获得最佳观感，可以在 2022—2027 年计划一场旅行！

22

蓝 天

你有没有想过为什么天空是蓝色的？有此疑问的并非你一人。那些聪明人花了很长时间找寻答案，现在我们知道了！

白天的天空被太阳光照亮。太阳光在我们的眼睛看来是白色或无色的，但实际上是由彩虹的所有颜色组成的！你可以用棱镜来观察这个现象。棱镜是一种特殊形状的玻璃，它可以通过对每种颜色不同程度的折射，将白光分离成组成它的多种颜色。不同的颜色对应不同波长的光；红光的波长最长，蓝光的波长最短。

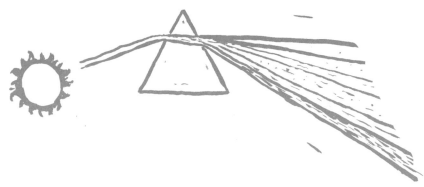

当阳光到达地球大气层时，它被空气中的气体和粒子散射。由于蓝光波长较短，其散射程度比其他颜色要大得多，所以我们看到的天空是蓝色的！

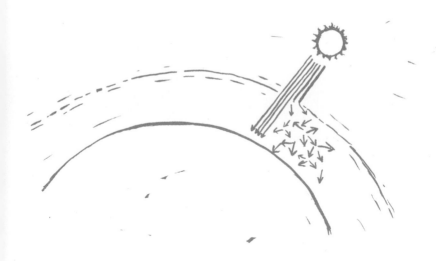

日落时你可以更清楚地看到这种效果。太阳接近地平线时，夕阳正越来越多地穿过大气层，反射到你的眼睛。但实际上，这里穿过的大气太多了，以至于蓝光在到达你的眼睛之前就完全散开了，留下的大多是橙色。

1. 这是本书中观测起来最容易的景象！等待一个晴朗的日子，抬头看看！

2. 把你头顶上的蓝色和接近地平线的颜色比较一下；你头顶的天空应该是略深的蓝色。这是因为太阳光穿过空气时，蓝光在许多方向上散射了多次，同时地球表面也反射和散射光，进一步发散了颜色。

23

幻 日

幻日是指类似于日晕或月晕（见第54页）的大气光学现象。

幻日的效果相当令人难以置信，因为非常明亮，看起来几乎就像天空中有三个太阳！事实上，我们看到的是太阳光穿过大气中的冰晶形成的现象。这些冰晶可能是卷云中的冰晶，或者是极冷条件下低海拔地区空气中落下的冰晶。不管怎样，这些晶体是六边形的，它们会折射来自太阳的光线，从而在天空中产生太阳的两个镜像。幻日与太阳都在水平高度的原因是，当冰晶从空气中落下时，它们会垂直排列并水平折射阳光，这就出现了我们观察到的效果。

幻月也可以看到，但更罕见。这是因为需要满月或接近满月时才能产生这种效果，而幻日则可以在一个月的任何时间发生。

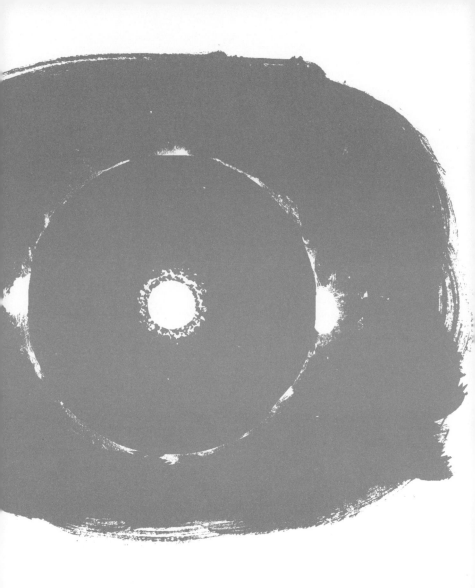

　　幻日可以在一年中的任何时间从世界上的任何地方看到，但为了尽可能增加你看到的概率，请等待一个晴朗日子中太阳接近地平线（升起或落下）的时刻。观察太阳时一定要采取保护措施，这里再次强调，直视太阳会对眼睛造成永久性伤害。

24

麦哲伦云

在一个黑暗的夜晚仰望南半球天空，肉眼可以看到两个迷人的天体。它们看起来有点儿像银河系的碎片，似乎飘离了银河系中的其他部分，但实际上，它们是完全不同的星系！这两个天体被称作大、小麦哲伦云：这是两个不规则矮星系，属于银河系的伴星系。很长一段时间，人们认为它们就像小型的银河"宠物"一样围绕银河系运行，但最近 * 的观测表明：它们运行得太快，无法进入银河系卫星星系轨道，最终还可能会与银河系相撞。大麦哲伦云距离银河系约 16 万光年，包含了约 300 亿颗恒星。小麦哲伦云距离银河系更远，约 20 万光年，包含了约 30 亿颗恒星。与拥有至少 1000 亿颗恒星的银河系相比，它们是相当小的星系。

---

* 本书原版书出版于 2019 年。

1. 向南走！它们只能在南纬 17° 及其以南地区能够看到，越往南视野越好。在南纬 20° 及其以南地区的晴朗夜空中，大、小麦哲伦云全年可见。

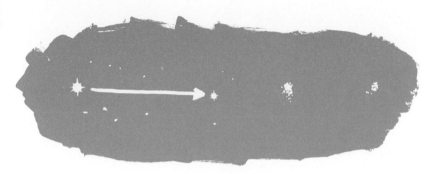

2. 如果天色足够暗，那么朝着南天极（见第 69 页）看，大小麦哲伦云应该很容易被发现。但如果需要额外的帮助，你可以以明亮的天狼星和老人星作为指引。从天狼星（天空中最亮的恒星——见第 46 页）到下一颗很明亮的恒星——老人星画一条线。继续沿着那个方向看去，你会发现大麦哲伦云。

更远的视野
Further Afield

———

比起根据上文你所能观察到的天体和天文景象，本书这一部分介绍的内容更难被发现。找到它们需要更多的努力，也许还需要一点儿运气——比如极其黑暗的天空，或者理想的观测条件。很多天体需要借助望远镜才能真正欣赏，所以如果你兼备一片黑暗的天空和一副好的望远镜，那么这一部分内容就是献给你的！如果家里没有天文望远镜或双筒望远镜，也请别担心！阅读这些令人着迷的景象仍然是愉快的体验，如果之后你发现自己有机会用望远镜——例如在一次星空聚会或天文俱乐部集会上——你可以试着自己去寻找本部分提及的一些天空奇观。

25

仙女星系

　　你知道你可以用肉眼看到整个星系吗？所需要的天空条件确实得非常黑暗，并且你的眼睛需要去适应，但这件事是可能的！仙女星系是离我们银河系最近的大星系，可能也是肉眼能观察到的最远天体。但是如果有双筒望远镜或天文望远镜，你会获得更好的视野。仙女星系是一个美丽的旋涡星系，距地球约250万光年。它至少和我们的银河系一样大，2006年的一项研究表示，它包含上万亿颗恒星！令人惊讶的是，它是唯一一个看起来不会随着宇宙膨胀而加速远离我们的大星系；相反，它正朝着我们的方向接近！天文学家预测仙女星系有一天会与银河系发生碰撞，但是组成它们的恒星之间的巨大距离意味着，在上千亿颗恒星发生碰撞时，只有一两颗会发生直接撞击。

1. 在一个超级黑暗的夜晚，选择一个超级黑暗的地点。确保月亮不会出现，且离光污染尽可能远。如果是在北半球，那最好的观察时间是冬天。花点儿时间让你的眼睛适应黑暗（把手机收起来！），然后……

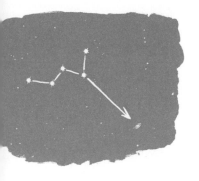

2. 寻找仙后座（见第 50 页）。你会注意到"W"（或"M"）的一个"V"比另一个"V"深一点儿——它就是你的指向箭头。沿着它指的方向，移动大约仙后座三倍大小的距离，当看到好似一缕冻结在天空之中的白雾的天体，你就可以告诉自己，这就是仙女星系。

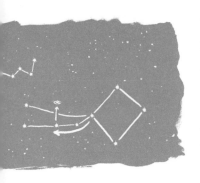

3. 或者寻找飞马大四边形——由四颗星组成的一个明显方形，位于仙后座的右下方。如图，这个方形的左角是恒星壁宿二（仙女座 α 星），它似乎分出两条路径（像一个有飘带的风筝），这就是仙女座。沿着下面那条"飘带"数两颗星（大约会停在下方"飘带"路径一半的位置），在它的上方就可寻找到仙女星系！

26

太阳黑子

　　太阳黑子是太阳表面（光球层）的暗块或"斑点"。这些区域具有非常强的磁场，可以把物质向上推并穿过其表面。有时太阳黑子很少，而有时却很多。事实上，太阳黑子的活动遵循一个已被充分研究的模式，即每隔 11 年左右，太阳的磁活动会达到最大值，从而产生更多太阳黑子，但随后磁活动会减弱。这被称为太阳活动周期，是太阳每 11 年翻转一次磁极造成的。尽管相对于太阳来说太阳黑子很小，但实际上它们的直径却能达到 80,000 千米，是地球直径的 6 倍多！它们看起来很暗，这是因为它们比周围的环境温度低得多。光球层的温度通常约为 6000℃，但太阳黑子的温度约为 4500℃。这是一个很大的差异，足以使它们看起来颜色暗一些。

1. 直视太阳很危险！如果你不注意的话，可能会造成对眼睛的永久性伤害，所以观察太阳要特别小心。如果你有任何疑问，请向当地天文学团体寻求帮助。如果你用望远镜来观察太阳，一定要使用专门为观察太阳而设计的滤光片。

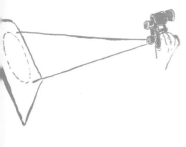

2. 观察太阳黑子的一种方法是使用双筒望远镜，再找到一个平面，类似一堵墙或者一张大纸。不要直接用望远镜看太阳，而应把镜筒一头对准太阳，另一头对着墙面或纸面。如果可以的话，把双筒望远镜装在三脚架上保持稳定，让墙面或纸面垂直于射入的阳光。

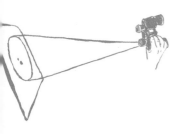

3. 改变双筒望远镜和墙面或纸面之间的距离，使太阳的投影有一个明显的边缘。你现在应该可以辨认出太阳黑子了！但不要让你的双筒望远镜对着太阳太久，因为高温会损坏它们！

4. 为了尽可能把握住绝佳的观察机会，选择太阳活动活跃、产生太阳黑子多的年份，比如下一个高峰年预计是 2024 年。但即使在太阳不太活跃的年份，仍然可以观察到太阳黑子。

27

猎户星云

猎户星云是天空中的恒星托儿所。它非常美丽，是大量恒星诞生的地方。这是一个由气体和尘埃组成的巨大星云，大到光都需要大约 20 年时间才能从一边到达另一边。它在距离我们大约 1500 光年远的地方，是离地球最近的大型恒星形成区，其亮度足以让人用小型天文望远镜或双筒望远镜看得到；如果你够幸运，甚至用肉眼也能看到。

"星云"这个词来源于拉丁语中的"云"，指的是由于其内部大量的气体和尘埃而显得"模糊""如雾"的夜空天体。一些星系（如仙女星系，见第 80 页）曾经被称为星云，足够强大的望远镜被制造出来后，人类才更清楚地观察到它们的细节。

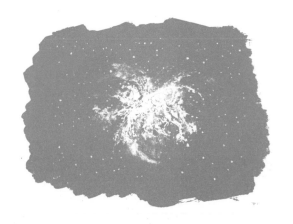

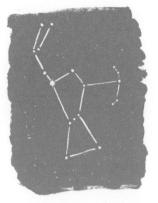

1. 寻找猎户座（见第 42 页）。

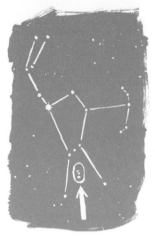

2. 留意猎户的腰带和他腰间佩剑的下方。在这把恒星之剑的中段，你会看到一个暗淡模糊的区域，那就是猎户星云!

3. 观察猎户星云的最佳时机是猎户座高高悬挂在天空中的时候。对于北半球来说，猎户座是天空中最高的星座，在 12 月中旬至 12 月底的午夜时分，它会出现在正南方天空中。

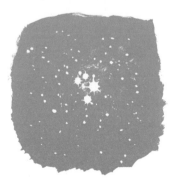

4. 星云中最亮的四颗恒星用业余的天文望远镜就可以观察到，被称为猎户四边形。

28

月球环形山

通过望远镜，你既能看到壮观的景象，同时也特别容易理解的便是我们的月球！无论你生活在深山老林，还是世界上最繁忙、最明亮的城市中心，月亮都是你可以去凝望的，通过双筒望远镜来观察，甚至不需要任何装备，我们就可以一睹其芳容——但是如果想要真正领略它迷人的魅力，还是得通过望远镜来观察。你会看到月球上山峦、暗影和一座接一座的环形山。

月球环形山是小行星、彗星和陨石撞击月球时留下的痕迹。成千上万的撞击坑遍布月球表面。它们通常是圆形的，其中有些太小，从地球上看不见；而另一些较大的直径能超过 1000 千米。撞击坑众多的原因是月球缺少大气层，不像地球面临的撞击大多在大气中已燃烧殆尽。此外，在地球上，植物、动物和地质活动也可以隐藏或清除撞击坑。

第谷环形山

1. 你可以用肉眼看到几座环形山，只需要在黄昏时观察满月或接近满月的月球，寻找其上的小圆形，它们周遭还会有向许多方向延伸的长线（射线状）。最容易看到的环形山是第谷环形山，从北半球看的话，它位于月球的下半部。

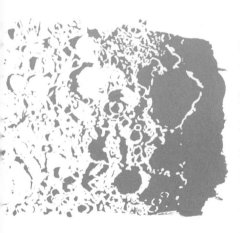

2. 为了获得一个真正特殊的视角，你可以坐在望远镜后面。实际上，用望远镜观察月球时最好避开满月，选择一个大约半满月的夜晚（专业术语是"上弦月"或"下弦月"，这取决于月球亮的部分是在逐渐变大还是变小）。满月时，月球会亮得耀眼，在此之外的时候我们就不必与其亮度抗衡了，还可以观察到更多的细节。把望远镜对准月球表面，把它全部装进镜头里！

3. 试着沿"明暗界线"看一看。这条线将月球的明亮区和黑暗区分开。在这里你应该能够看到长长的暗影和迷人的细节。你可以沿着这条线从一座环形山观察到另一座环形山。

4. 像任何探险家一样，有一张目的地地图很方便。在网上搜索"月球地图"，如果你想认真观察，也可以买一份实物副本。有了功能强大的望远镜，你就能看到环形山、山脉，甚至"海洋"。享受吧！不过请注意，有些望远镜可以水平或垂直翻转图像（或两者都翻转！），所以在被月球地图弄糊涂之前，一定要知道你的望远镜情况！

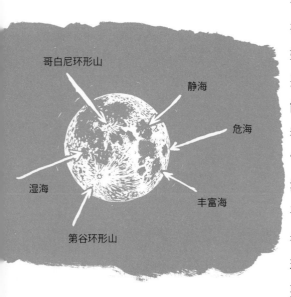

哥白尼环形山

静海

危海

湿海

丰富海

第谷环形山

29

伽利略卫星

伽利略卫星环绕着太阳系最大的行星——木星运行,他们中有太阳系最大的卫星。这些卫星的名称来源于发现它们的人——伟大的天文学家伽利略（1564—1642），他在1610年第一次记录了它们。起初，伽利略以为它们是木星所在方向的其他暗淡恒星，但在夜以继日地观察之后，伽利略意识到它们在绕着这颗大行星运行，因此木星一定是卫星。当时，人们认为只有地球有卫星，所以这也成为他惹恼当时教会的众多发现之一。教会最后指控他是异端，并将他软禁，直至其去世……

伽利略卫星所指的四颗卫星分别是木卫一、木卫二、木卫三和木卫四，每一颗都有自己独特的魅力：

木卫一的大小和地球的卫星月球差不多。它是太阳系中火山活动最活跃的天体，会向太空喷出近350千米高的羽流状含硫气体，表面还有液态熔岩湖。

木卫二是太阳系中特别令人兴奋的地方之一，因为它是存在外星生命的最佳候选者！木卫二被冰层覆盖，但在其表面之下，人们相信有充满液态水的海洋，在那里可能有一个隐藏在黑暗中的水生生物世界。

木卫三是太阳系中最大的卫星，比水星还大。它太大了，甚至产生了自己的磁场！

木卫四是太阳系中环形山特别多的卫星之一。它的环形山被认为是 40 亿年前星体表面形成初期撞击留下的痕迹。

　　1. 找到木星（见第 95 页）。用一副好的双筒望远镜或天文望
远镜，仔细观察木星的两侧，你应该就可以画出一条由三四颗星
星组成的线——这些就是伽利略卫星。

　　2. 如果你只能看到三颗星，那是因为其中一颗在木星后面，
几小时后或第二天再查看一次，你应该就能看到全部四颗卫星。

30

土星的"耳朵"

1610 年，伟大的天文学家伽利略通过他的发明——天文望远镜——注视着土星，他是将这颗美丽的行星不只视为夜空中一个黄点的第一人。但所见让他困惑不已。土星看起来好像是由三个相互连接的圆盘组成的：一个圆盘在中央，两侧有两个"耳朵"。更奇怪的是，两年后当他再看土星的时候，"耳朵"已经不见了！

40 多年后，一位名叫克里斯蒂安·惠更斯的天文学家认真研究了土星的"耳朵"。他发现它们实际上是环绕土星的一个大而薄的物质环。用一个入门级的望远镜，你可以看到同样的情形！

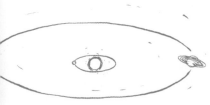

1. 每年至少有一部分时间可以看到土星。从地球上唯一看不到土星，是当它的轨道离太阳太近（或者你所处的位置不适合观察它）的时候。

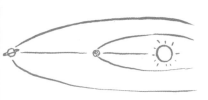

2. 当土星处于"冲日"的状态，即地球位于太阳和土星之间，三者形成一条直线时，我们更容易观察到它。在这些日期里，土星最靠近地球，同时也最亮：

2020 年 7 月 21 日

2021 年 8 月 2 日

2022 年 8 月 14 日

2023 年 8 月 27 日

2024 年 9 月 8 日

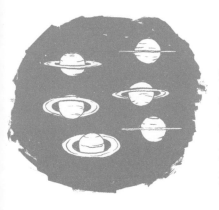

3. 多亏我们两颗行星的轨道变化（地球绕太阳运行一周是 1 年，而土星则超过了 29 地球年），土星环的视野从几乎看不见到全方位可见，再回到几乎看不见，这个周期大约需要 15 年。

31

像地球那么大的风暴

木星是一颗持有许多纪录的行星——太阳系中个头儿最大的、一天时长最短的、大气层最厚的……我个人最喜欢的纪录是它最著名的大红斑。木星的大红斑位于其赤道以南，很容易辨认，实际是一个巨大的旋涡风暴，风速可以超过 600 千米 / 时。与地球上持续几天的风暴不同，这场大红斑风暴的最早记录可追溯到 16 世纪，而且可能更古老！早期观测它时缺乏大型望远镜，但其巨大的体形足以弥补技术的不足。这真是个怪物，事实上，它大到整个地球都塞不下它。第一次被发现时，这个风暴还要大得多——可能比地球大四倍。但是在过去的几个世纪里，它已经在逐渐缩小，一些科学家认为它持续的日子已经不多了。

1. 找到木星。它在夜空中特别明亮，与恒星不同，它不会一闪一闪地发光。然而，与所有行星一样，木星的天空位置一年里都在变化，所以最好是查看天文学日历，上网或使用应用程序来确定从你的位置上看到它的最佳时间。

2. 为了尽可能增加你"可见一斑"的概率，选择一个大红斑接近木星中心时的时间。再次提示，有网站和应用程序可以查询相关信息。由于木星的旋转速度非常快，所以这些理想的观测时间每次只能持续几个小时。

3. 选择使用带有浅蓝色或浅绿色滤光片的望远镜会对你的观察有所帮助。

32

火星冰冠

火星是太阳的第四颗行星。在西方，它以罗马神话中战神马尔斯的名字命名。火星表面覆盖着一层氧化铁，使这颗星球呈现出标志性的红色。它激发了历史上许多人的想象力，经常被认为是人类探索的下一个目标。

关于这颗红色星球你可能不知道的一件事是，它的北极和南极都有永久性的冰冠。在每个冬季，极点温度会下降到 $-150℃$，导致周围的一些大气被冻结成固体！然而，由于火星大气主要是由二氧化碳构成的，这意味着两极表面覆盖着冰冻的二氧化碳，也就是干冰。

对一个业余的观星者来说，要想获得一张火星冰冠的不错图像是一项真正的挑战。你必须有最好的装备、在最好的大气条件下，还要有最好的运气，才能有点儿希望得到还算过得去的图像。但是只对这颗星球瞥上一眼就容易多了！

1. 观看火星的最佳时间取决于地球在公转轨道上的位置，以及火星与地球的相对位置。与其他明亮的行星不同，火星每年看上去都有变化。这是因为火星是一颗相对较小的行星，所以当它和地球相隔甚远时，要比两者运行得彼此靠近时更难被发现。

2. 要想知道下一次寻找这颗红色行星的最佳时间，请上网查一查，或者联系当地的天文爱好者团体。

3. 看着它时，你会很清楚自己看的是火星，因为即使用肉眼去看，它也会显现出一种橘红色的光芒，因此也得名"红色星球"。而且，由于火星是一颗行星，它不会像恒星那样看起来一闪一闪。

4. 如果你想通过望远镜寻找并辨认出火星冰冠，那么由于北方冰冠的大小是南方冰冠的两倍，应该前者更容易被看到。

33

天鹅星云

天鹅星云又称欧米伽星云、马蹄星云或 M17，是距离地球5000 光年、银河系中特别大的一个恒星形成区。它各种各样的名字来自星云的不同部分，其中天鹅头的纤细曲线形状特别难辨认——但要去不断尝试！天鹅星云由大量的气体和尘埃组成，比我们整个太阳系大数千倍！由于尘埃太厚，导致很多恒星看不见，但星云却在数百颗年轻恒星的光芒照耀下发着光。事实上，天鹅星云中含有银河系中一个特别年轻的星团，只有 100 万年的历史。这个星云非常值得用天文望远镜，甚至双筒望远镜尝试去观看，因为它是夜空中非常明亮的天体。

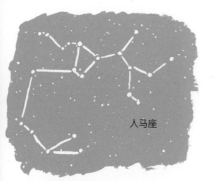

人马座

1. 天鹅星云和许多深空天体一样，可以通过人马座找到。首先寻找靠近银河系中心的人马座。

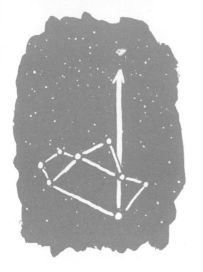

2. 在人马座中，隐藏着一组被称为"茶壶"的恒星（或星宿）图案。寻找这个图案，然后从"茶壶"右下角（箕宿三）穿过同侧盖子的开口（箕宿二）画一条线，继续向上移动大约一个拳头的宽度，直到你在天空中碰到一个模糊的斑点，这个模糊的团块就是天鹅星云。离它很近的地方还有另一个模糊的团块，是鹰状星云（见第136页"创生之柱"）。

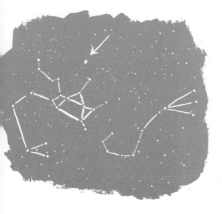

3. 在北半球8月的晴朗夜间最容易获得绝佳视野，这时在朝南的夜空，人马座、"茶壶"和天鹅星云都能被看到。

34

一个大“气泡”

    原来宇宙会吹泡泡。在仙后座中，有一颗超热、超大质量的恒星正在将一个巨大的气泡吹向太空。这个天体被称为 NGC 7635，也叫气泡星云，距离地球仅 7000 光年，直径约 7 光年。位于气泡星云中心的年轻恒星，质量是太阳的 45 倍，而且其外缘气体已经变得非常热，并以超过 640 万千米 / 时的速度逃逸到太空中！这颗恒星外层大气中快速释放的气体在其路径上掠过较冷的气体，从而形成了气泡的外缘。离其中心最近的恒星散发的辐射加热了气泡中的气体，并使后者发光。

1. 用小型望远镜观察它并不容易，因为气泡微弱且发散。如果你自己没有口径 150 毫米的望远镜，请联系当地的天文爱好者团体，他们可能有类似或更大口径的望远镜。好在有哈勃空间望远镜，在网上也能查到令人惊叹的照片。

2. 如果你能找到合适的观测工具并且想试一试，那么气泡星云最适合在夏末秋初从北半球观测。它会出现在 8～10 月的天空中，如果你在北纬 28° 及其以北地区，那整晚都能看到它！

3. 寻找仙后座（见第 51 页）。追踪"W"形，你会发现其中一个"V"形比另一个略深。沿着较深"V"的外缘向上延长同样的距离。看到某个像围绕着中心恒星有一层薄光的天体时，你便是看到这个"气泡"了。

35

英仙座双星团

星团是恒星的集合，它们有着共同的起源，并且在引力作用下结合在一起；从地球上观察，它们看起来像一个大群体，例如昴星团（见第 52 页）。但有什么比一个星团更值得期待呢？那就

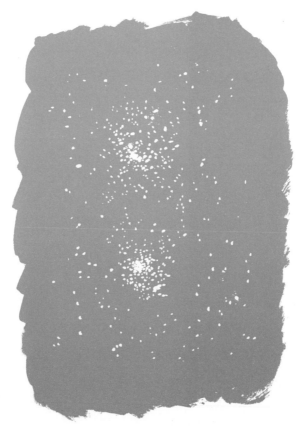

是两个星团！还是彼此紧挨着的两个星团！在英仙座中，有两个独立的星团可以并排看到。每个星团都包含数千颗恒星，其中一些是比我们的太阳大很多倍、更亮更热的超巨星。这两个星团名为"英仙 H"和"英仙 X"，距离地球均超过 7000 光年，它们彼此间相隔数百光年。

1. 观察这个双星团的最好时间和地点是在冬季的北半球。如果条件完美，用肉眼就能看到；用双筒望远镜或小型天文望远镜的话，效果将非常不错。

2. 选择一个漆黑又晴朗的夜晚，找到空中的仙后座（见第 51 页）。英仙座双星团位于这个星座和邻近的英仙座之间。

3. 从仙后座的中心恒星（策星）画一条线，穿过位于仙后座标志性"W"形中较浅"V"中间的恒星（阁道三），向前"走"到大约两颗星间距的 3 倍处。这里就是你应该可以找到英仙座双星团的位置。

要点知识！

在银河系中，英仙座双星团位于与地球所在处不同的另一条旋臂上。

36

小绿人

50 多年前，一位名叫乔瑟琳·贝尔（现为乔瑟琳·贝尔·伯内尔夫人）的天文学家首次观测到了一个令人困惑的现象。她用射电望远镜观察到一个遥远的天体，它似乎每秒闪烁或跳动一次。在特定的无线电（射电）频率下，它以一个非常规律的模式重复了几天。这可能是来自另一个文明的信号吗？"小绿人"是想联系我们地球人吗？她的团队认真地考虑了这种情况，但是当乔瑟琳在完全不同的地方发现另一个脉冲射电源时，他们意识到自己不是拦截到了外星信息，而是发现了一种新天体：脉冲星。

脉冲星是快速旋转的中子星。它们只有一座城市那么大，但是质量和太阳一样大，这意味着它们的密度非常高！当一颗大质量恒星耗尽其燃料供应引发超新星爆发，爆发中留下一个由紧密堆积的中子形成的致密中子核时，脉冲星就形成了。

脉冲来自每个脉冲星极强的磁场，该磁场从其南北极发射出强大的射电波。如果脉冲星的磁极与地球相对，那么每当磁极随着星体旋转穿过我们的视线时，我们就可以遇到这些射电波。。这和灯塔的效果类似——灯塔旋转时，它的光在经过你的时候似乎在闪烁。脉冲星也会发生同样的情形！

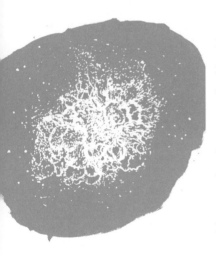

1. 脉冲星太小了，看不见——大多数脉冲星的光在电磁波谱的无线电波段，我们的眼睛不可见。它们只能在大型的专业射电望远镜中被探测到。然而，有一个中心有脉冲星的著名（可观测）星云：蟹状星云。

2. 蟹状星云可以通过双筒望远镜或小型天文望远镜在夜空中看到，它看起来是一个模糊的斑点。若用更大的望远镜看，它会像是一团迷人而复杂的气体和尘埃云，充满了缠绕在一起的卷须状物。而它实际上是天文学家在 1054 年观测到的一颗超新星的残骸！

要点知识！

脉冲星的信号非常有规律，甚至可以用来告诉我们时间！它们的脉冲频率非常一致，能比原子钟更精确地保持自己的周期。

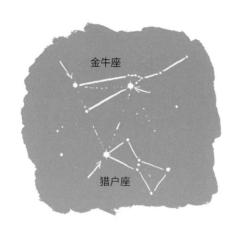

3. 在深秋和早春之间一个晴朗、黑暗的夜晚，你可以看到著名的猎户座及其参宿四（见第44页）。然后，找到金牛座及其明亮的毕宿五（见第53页）。参宿四和毕宿五可以与另一颗明亮的恒星——五车五形成三角形。

4. 从五车五向参宿四方向"走"一点儿，你会发现一颗更暗的恒星——天关。仔细观察这颗恒星周围的区域，你会发现天空中有一个微小的痕迹——那就是蟹状星云！记住，在它的中心是一颗快速旋转的脉冲星……

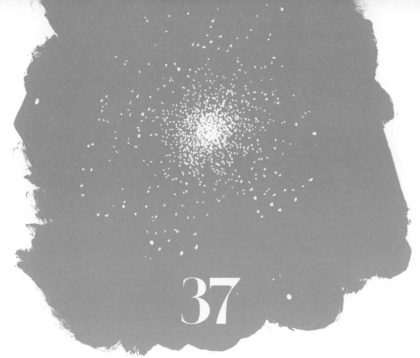

37

武仙座大星团

　　该星团分布在银河系（以及许多其他星系）的外部区域，是由许多老年恒星组成的巨大星团。它们被称为球状星团，包含几十万颗被引力紧紧束缚的恒星。球状星团是天空中特别古老的天体，形成于上百亿年前，那时我们的银河系，甚至整个宇宙都要年轻得多。北半球天空中特别亮并且非常著名的球状星团之一是M13，也就是武仙座大星团。这颗由闪烁恒星组成的"球"距地球约 25,000 光年，位于银河系盘面之外。它像许多球状星团一样，在数千光年外绕银河系运行。1714 年，著名的天文学家埃德蒙·哈雷（同名彗星见第 40 页）发现了它，他很有诗意地把它描述成："当月亮不在时，天空便平静下来了，它就会映入眼帘，就那么一小块儿。"如果能用望远镜观察，你会得到更棒的视觉体验……

1. 在一个黑暗、无云、无月的夏夜，在北半球的你找到一架性能较好的望远镜，把它带到外面。口径 200～250 毫米的望远镜对观察这个特殊的天体来说是个不错的选择，所以如果你自己没有这种尺寸的望远镜，那就去参加一个拥有大型望远镜以及会很乐意让你试试它的天文爱好者的星空派对。

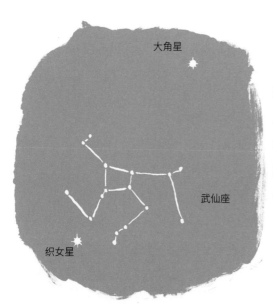

大角星

武仙座

织女星

2. 寻找夏季夜空中最亮的恒星，织女星和大角星。在它们之间，你应该能够辨认出名字典故出自罗马神话英雄赫丘利的武仙座。

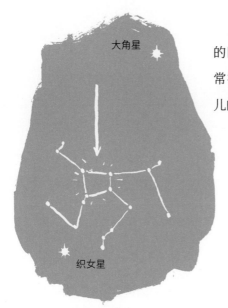

大角星

织女星

3. 找到赫丘利躯干上的四颗明亮恒星。这些通常被称为基石（更正常点儿的说法是花盆）。

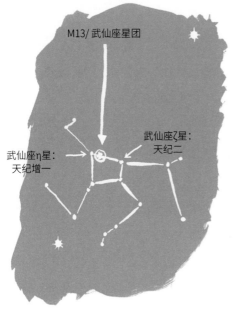

M13/ 武仙座星团

武仙座ζ星：天纪二

武仙座η星：天纪增一

4. 武仙座大星团位于基石西边的两颗恒星之间。在天纪增一和天纪二之间画一条线，在这条线 1/3 左右的地方，你会发现一个属于球状星团的独特模糊区域。通过一个性能足够强大的望远镜来看的话，这个模糊区域将在视野中变成数百颗古老恒星聚集在一起的样子。

38

一对色彩迥异的双星

仙王座中的少卫增八（见第30页）是双星。这意味着，尽管肉眼看起来是一颗星星，但实际上它是两颗在天空中靠得非常近的星星。这并不罕见，地球上能看到许多的双星，通过望远镜就能观察到。最有趣的是那些发出不同颜色光芒的双星，例如辇道增七双星系统。辇道增七很容易找到，因为它是天鹅座的鹅头（见第25页），并且足够明亮，可以用肉眼看到。然而，若用望远镜观察这颗恒星，你会非常惊喜地看到两颗星星，而不是一颗明亮的星星。其中一颗闪烁着金色的光芒，另一颗闪烁着蓝色的光芒！辇道增七是一个真正的双星系统，也就是说，恒星在引力作用下彼此相连，而不仅仅是偶然地"看上去"彼此靠近。

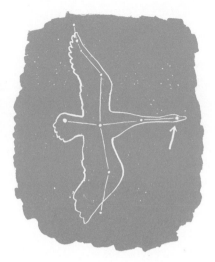

1. 寻找辇道增七，要先寻找天鹅座。沿着天鹅的长颈去找它头上的辇道增七。

2. 通过望远镜观察辇道增七——任何望远镜都能做到，但针对这种情况，低放大率更好，因为两颗恒星近距离呈现可以让颜色对比更加突出。

3. 你看到两颗星星了吗？看起来更偏金黄色的恒星是辇道增七 A——一颗比太阳大 5 倍的橙色巨星；而相对小一点儿，更蓝更热的恒星是辇道增七 B——一颗质量比太阳大 3 倍的恒星。

看向更远

Far, Far Away

————

本书最后一部分集中在非常遥远、非常小，或两者兼而有之的天体上。你不太可能从家里的后花园用肉眼看到这些景象，它们大多需要专业设备来专门观察。但不要因为有这种困难就让你丧失兴趣！这些也许是本书中（和天空中）最有趣也最令人敬畏的景象，希望这一部分能成为本书最吸引人的内容。另外，多亏了专业望远镜和太空飞行器——如果你想真正看到这些天体的样子，那么上网去查查这些主题，会有令你难以置信的图像出现的。

39

奥林匹斯山

珠穆朗玛峰　　奥林匹斯山　　冒纳罗亚火山

奥林匹斯山是太阳系最大的火山。以希腊最高山，也是古希腊神话中诸神家园的奥林匹斯山来命名。火星上的奥林匹斯山位于其赤道附近，比地球上海拔最高的山峰珠穆朗玛峰高出 3 倍左右。该山的基底大小和整个美国亚利桑那州差不多，几乎和意大利一样大，峰顶高于火山基准面 21 千米。相比之下，地球上山体高度最高的火山（夏威夷的冒纳罗亚火山）峰顶距离海底仅 10 千米，且只有 4 千米左右高于海平面。按体积计算，奥林匹斯山大约比冒纳罗亚山大 100 倍。它是一座盾形火山，就像夏威夷群岛或加那利群岛的火山。与猛烈地喷发、向天空喷射熔岩不同，盾形火山是由熔岩沿着火山两侧长距离流动后凝固而成的。这使得该类型火山具有标志性的"盾牌"形状——比锥形火山更平缓的斜坡。

1. 虽然这座高大的火山个头儿庞大，但它并不完全在地球上一个小望远镜所能及的范围内。一些坚持不懈寻找它的天文爱好者使用小型天文望远镜观测，有时可以一窥奥林匹斯山周围的冰和云，但火山本身仍然难以捕捉到。

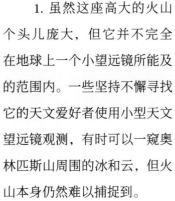

2. 要想更好地观察这座山，去找找发射至火星的太空飞行器所拍摄的图像。"海盗1号"轨道飞行器在1978年拍摄了一些奇妙的奥林匹斯山照片；2004年，"火星快车号"探测器拍摄了一些更好的照片。2010年，"火星勘测轨道飞行器"到达了离我们的目标足够近的位置，通过图片可以看到奥林匹斯山一侧的悬崖峭壁，可能是山体滑坡造成的。

40

"失败的恒星"

有一类天体不完全是行星，但也不是恒星。它们的质量大约是木星的 15 ~ 80 倍，但只有太阳质量的 1/10 左右，它们有着属于自己的一类称呼——褐矮星。它们与恒星的组成材料（主要是氢和氦）相同，但其质量不足以启动其核心的核聚变过程。这意味着它们不能放射出星光，因此通常被称为"失败的恒星"。

和行星一样，褐矮星可以有自己的大气层、云、风暴甚至极光，也可以有自己的行星。因为褐矮星放射的能量很小，所以很难被探测到。事实上，直到 1995 年天文学家才发现第一颗褐矮星。

1. 由于这些"小个子"很难观察到，你需要使用一个适当大小的专业望远镜来捕捉它们。褐矮星发出的光位于电磁波谱的红外线波段，这意味着我们的眼睛看不到，所以你需要一个红外探测器。像夏威夷的凯克二号望远镜，或者智利的甚大望远镜（老实说，这就是它的名字）都是完美的选择。

2. 另外，也有专门为这项工作设计的太空飞行器。就像 2010 年发射的宽视场红外测量探测器（WISE），它已经发现了几颗褐矮星。

3. 你可以帮助大家发现更多！"后院世界"公民科学项目允许有计算机的人点击 WISE 拍摄的图像，一同搜寻像褐矮星这样的天体。

41

土卫二的冰火山

土卫二不是我们太阳系中最大的卫星（它的半径只有 252 千米），它甚至不是土星最大的卫星（有五个更大的卫星），但它确实是一个极其令人兴奋的卫星。土卫二被冰层覆盖，因此反射效果极强，是我们太阳系中最明亮的世界。但这并不是它魅力的全部，这颗卫星上有一些真正壮观的东西：冰火山。在它冰冷的外壳下还隐藏着一个覆盖全球的液态咸水海洋。强大的热液喷口将来自海洋的冰粒喷射到太空中。这些冰火山以大约 400 米 / 秒的速度喷射物质，而这股持续不断的冰粒流也为土星环提供物质！有着液态水海洋和如此迷人的热液活动，土卫二成为我们在太阳系寻找地外生命的主要目标。

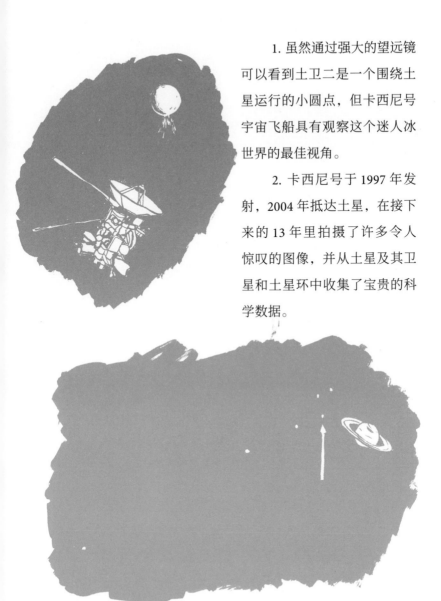

1. 虽然通过强大的望远镜可以看到土卫二是一个围绕土星运行的小圆点，但卡西尼号宇宙飞船具有观察这个迷人冰世界的最佳视角。

2. 卡西尼号于 1997 年发射，2004 年抵达土星，在接下来的 13 年里拍摄了许多令人惊叹的图像，并从土星及其卫星和土星环中收集了宝贵的科学数据。

3. 卡西尼号宇宙飞船不仅发现了土卫二的冰火山，还在许多次飞越这颗卫星的过程中直接穿过了这些羽状喷射流物。

42

热木星

构成我们太阳系的八颗行星并不是唯一的一批行星。在 20 世纪 90 年代,天文学家发现了围绕太阳系以外恒星运行的行星。从那时起,这个研究领域就变得热闹起来,目前已经发现了数千颗围绕着其他恒星运行的行星。这些行星简称系外行星。系外行星非常吸引人的一点是,最初发现的几颗行星与我们太阳系中的完全不同,曾引发专家的一阵头疼:一方面,它们是巨大的气态巨行星(如土星或木星);另一方面,它们的轨道非常靠近自己的主恒星(比水星距离太阳更近),这让它们获得了"热木星"的称号。直到今天,天文学家也还未完全确定它们是如何形成的。它们先在别的地方形成,再迁移进来的?或者它们总是离主恒星很近吗?争论还在继续……

1. 发现一颗系外行星是很难的，这就解释了为什么它们是相对近期才被发现的。行星比它们围绕的恒星要暗得多，所以我们有望看到它们的任何一幅图像中，它们的身影都很容易被主恒星"湮没"。幸运的是，如今使用地球和太空中的专业望远镜，有了几种巧妙的方法来探测。

2. 寻找摆动。行星围绕恒星运行的说法并不完全准确——尽管行星处于恒星的强大引力之中，但其也会对它们的恒星施加一些小小的引力。这两个种体实际上都绕着一个共同的质心运行，虽然质心的位置距离恒星要近得多，但恒星绕着这一点的轻微运动也会产生可检测到的"扰动"。

3. 注意凌星现象。从一颗恒星上多次读取光度数据，如果这些读数周期性地下降，可能是因为有行星——也就是一颗系外行星在该恒星和地球之间穿过！

43

在婴儿时期的"太阳系"

　　离地球最近的恒星形成区大约有 450 光年远，位于金牛座。在这片巨大的尘埃和气体云中，有一个恒星托儿所。在那里，新恒星正在形成或近期已经形成。其中一颗名为金牛座 HL 的恒星只有 100 万年的历史——听起来可能很久了，但与我们有 46 亿年历史的太阳相比，这颗恒星只是一个婴儿。由于金牛座 HL 所在的区域充满了气体和尘埃，所以像哈勃空间望远镜这样的光学望远镜很难清楚地观察到它内部的新生恒星。

　　然而，除了我们的眼睛（和哈勃空间望远镜）所能看到的可见光，有些望远镜可以用其他波长的光观测。对电磁波谱中的无线电和红外线部分敏感的望远镜可以探测到来自这些新恒星的热尘埃和气体的辉光。

智利的阿塔卡玛大型毫米/亚毫米波阵列（ALMA）望远镜可以做到这一点。2014年，他们将目光对准了金牛座 HL，揭示出了一些真正壮观的景象。这个年轻的恒星系统中行星形成的过程被捕获了！ALMA 图像非常详细地展示了围绕恒星的明亮同心物质环。随着时间的推移，这种物质将逐渐并合成行星、彗星和小行星。事实上，ALMA 图像中分隔物质环的黑暗部分表明行星的"形成"（有时称为星子或原行星）正在发生。金牛座 HL 有自己尚处"婴儿状态的太阳系"，并给出了我们的太阳系在数十亿年前可能是什么样子的一个迹象。

1. 前往智利的阿塔卡马沙漠和 ALMA 天文台。这是一支由 66 台射电望远镜组成的小型望远镜"军队"，每台望远镜的直径为 7～12 米。它们都安装在海拔 5000 米的位置。

2. 将其中几台望远镜相隔 15 千米放置……这么操作应该没问题！然后将它们指向金牛座深处，对准金牛座 HL。

3. 欣赏婴儿时期恒星系统令人难以置信的图像吧！

44

旋涡星系与椭圆星系

星系是宇宙中的大型天体。它们就像巨大的恒星城市，每一个都包含了上百万颗至数十亿颗恒星，以及行星、卫星、彗星、小行星、尘埃和气体，甚至黑洞，都在引力作用下捆绑在一起。然而，就像我们人类一样，星系也有不同形状和大小。

美国天文学家爱德温·哈勃（有以他名字命名的著名空间望远镜）花费数年时间研究星系，设计出一种根据形状对星系分类的方法。虽然他的分类方式现在有点儿过时了，但总的原则仍然是：星系有旋涡形、棒旋形、椭圆形或不规则形。

使用性能足够强大的望远镜，你可以看到所有这些星系的例子。然而，望远镜需要非常强大！同时，拥有一片真正黑暗的天空也很重要，要尽可能远离城市灯光。请注意，大多数详细的星系图像是长时间曝光或多次曝光拍摄的。即使通过一个强大的望远镜，它们在我们的眼中也会像模糊的斑点或云。

旋涡星系

这是一些非常美丽的星系。它们有着独特的旋臂，明亮而耀眼的星系核位于扁平的星系圆盘中心，这是非常令人陶醉的景象。围绕着旋涡星系扁平圆盘的是星系晕，其中包含老年恒星。

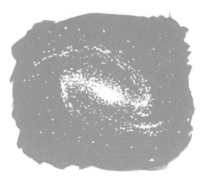

棒旋星系

这些星系很像旋涡星系，只是旋臂是从一个棒状物而不是一个中心点向外弯曲的。大约 1/3 ～ 1/2 的旋涡星系具有这些中心棒结构，我们的银河系就是其中之一。

椭圆星系

这些星系缺少旋涡星系的一些风格和优雅，但仍然令人着迷。它们的实际形状像弥散的球体，在天空中看上去呈椭圆形，散发出的明亮平滑光线在边缘处逐渐变暗。椭圆星系通常相当古老，有的被认为是大小相似的较小星系合并后的残余物。

不规则星系

这些的形状就比较怪异了。它们不是旋涡状，也不是椭圆状，形状常常完全混乱，仿佛是与另一个星系的碰撞中幸存下来的产物。我们的银河系有两个伴生的不规则矮星系，分别是大麦哲伦云和小麦哲伦云（见第 76 页）。

45

回 光

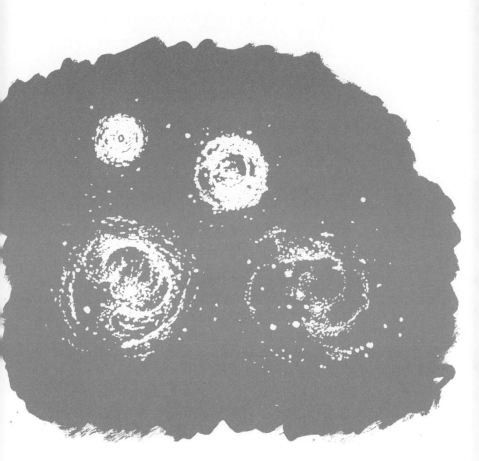

从前，在一个不起眼的星座深处，有一颗不起眼的恒星。但是，在 2002 年 1 月，那里发生了惊人的一幕：这颗恒星变得极其明亮——大约比几周前亮了 10,000 倍。这颗恒星是麒麟座 V838 星，是麒麟座中第 838 颗被编目的变星。也许比光线发生明暗变化更令人印象深刻的是这些光亮让我们看到了什么。恒星光度增加发生后，哈勃空间望远镜拍摄的图像很快就出来了。凭借强大的分辨率，它为我们呈现了一幅具有凌乱尘埃晕的恒星图像。望远镜在接下来几年中捕捉到的更多图像显示，这个光晕似乎在生长。事实上，这并不是尘埃本身在增长，而是发生了一种被称为"回光"的现象。恒星的闪光向外传播时也照亮了周围的尘埃，使这些物质从地球上也能被看到。

　　目前，天文学家们仍在努力搞清发生了什么，使得恒星出现如此夺目的光变。一种理论是，麒麟座 V838 星是一颗垂死的超巨星；另一种理论是，两颗恒星合并在了一起所以发出惊人的光芒；还有一种理论是，这颗恒星有一颗或更多的巨行星，恒星发光是因为它吞噬了那些行星！

　　要想看到回光，你需要两件东西：哈勃空间望远镜和一台时光机。

1. 2002 年 5 月，哈勃空间望远镜观察这颗恒星，发现了一个由气体和尘埃组成的清晰圆环。

2. 2002 年 9 月，"哈勃"又看了它一眼，现在可以见到更多的气体和尘埃——回光变大了。

3. 2004 年 2 月，"哈勃"拍摄的另一张图像显示了有更多细节的更大回光。

4. "哈勃"在 2005 年 11 月再次观察时，回光似乎鬼魅般地更加弥散了。

5. 如果你今天再去看，回光已经非常弥散，微弱到你甚至看不见。而现在这种情况也已经超出了哈勃空间望远镜的能力。

46

"一面白旗"

你看过阿波罗宇航员在月球表面的标志性照片吗？他们是站在自己的月球车旁边，还是被自己的足迹包围在月球尘埃中？很有可能有一面美国国旗的照片令你有所印象。人类登月的六次阿波罗任务中，每一次都在月球表面插上了一面旗帜，宇航员们也乐于同这些旗帜一起拍照。但是，尽管这些历史性任务的图像一如既往地生动，旗帜本身却失去了光彩。由于月球缺少大气层，很强的紫外线辐射和极端的温度变化让旗子上的红色和蓝色褪成了白色。同时这也意味着没有保护措施防止微流星体的撞击，所以这些旗子上现在可能还有一些洞。

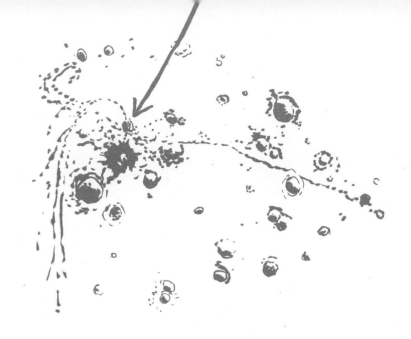

1. 看看月球勘测轨道飞行器（LRO）拍摄的图像。这个飞行器于 2009 年发射，科学家能够借助它获得前所未有的细节来绘制月球表面的地图。

2. 如果你把注意力集中在 LRO 拍摄的阿波罗 12 号、16 号和 17 号登陆点图像上，比较不同时间拍摄的照片（即不同的太阳角度），你就能看到旗子和旗杆的阴影！这证明至少有三面旗子还在飘扬——尽管它们的颜色可能早已褪去。

3. 想了解旗子现在处于何种状态的最好方法就是你登上月球，亲自去看一看！

要点知识！

宇航员巴兹·奥尔德林记得，从月球表面起航返回地球家园时，他看到同行的"阿波罗 11 号"宇航员插下的旗子由于火箭喷射而倒下了。但其他阿波罗任务留下的一些旗子仍被认为屹立至今！

47

星系群与星系团

星系即便拥有巨型的体量，也仍然不是宇宙中最大的结构。什么东西会比一个星系还大？那就是一群星系（星系群）。银河系是一组被富有想象力地命名为本星系群的星系群的一部分。这个银河超级小队包括了仙女星系（见第 80 页）、大麦哲伦云和小麦哲伦云（见第 76 页），以及三角星系，还有 30 多个其他星系。本星系群中的大多数成员是矮星系，其中一些非常小也非常微弱，也可能还有其他一些尚未被发现。如果一组星系足够大，就可称为星系团。它们是由引力相互吸引连接在一起的大量星系。我们的本星系群是室女座超星系团的一部分。这个星系团绵延在旷达一亿光年尺度的空间上。人类对它的广袤甚至无甚概念。

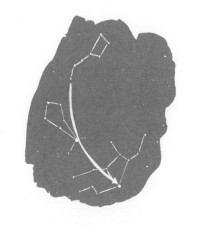

1. 找到室女座。一种方法是从北斗七星开始，记住口诀"弧到大角星，刺到角宿星"——通过北斗七星的"把手"画一条弧一直到亮星大角星，然后继续沿这条弧寻找，直到到达室女座最亮的恒星角宿一。

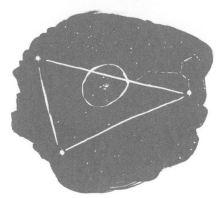

2. 用角宿一和大角星与狮子座的恒星轩辕十四组成三角形。大致在这个三角形的中间，你会发现室女星系团。这也是室女座超星系团的核心。

3. 用望远镜扫过这个区域，你会碰到几个星系。一旦你掌握了找到这个区域的方法，就可以一次又一次地将视线折回，在这个巨大的星系群中找到不同的成员星系。它们有些距离我们有6500万光年之远，能看到它们真是太神奇了！

48

类星体

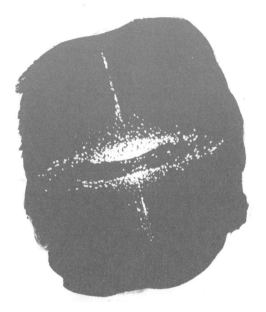

　　类星体（类似恒星天体的简称）是宇宙中已知非常遥远的天体之一。它们"类似恒星"，因为从地球上看它们就像恒星一般，但它们特别与众不同，而且更令人兴奋！类星体是遥远星系极其强大的核心，离地球可达 130 亿光年之远。当看到一个类星体，我们看到的其实是比今天生活的时间更接近宇宙大爆炸的过去。类星体的亮度是整个银河系的几百倍甚至数千倍！这使它们成为宇宙中十分明亮的天体。天文学家相信，在每个类星体的中心都有一个超大质量黑洞，用于提供驱动星系活动的能量。

1. 类星体非常遥远，以至于尽管它们的光度惊人，但在我们看来却非常微弱；太微弱了，肉眼根本看不见。

2. 用架在后院的业余天文望远镜可以看到类星体，但只能看到最容易见到的那些，而且前提还得是条件正好。你需要一个口径至少为 200 毫米的天文望远镜，这比普通的业余天文望远镜要大一点儿，但即便如此，类星体看起来还是像暗淡的恒星。

3. 一个更好的选择是使用世界级的望远镜观看，或者看看它已经拍摄出的照片。找找围绕类星体的明亮光晕图像，或者那些从类星体中心射出数千光年远的明亮 X 射线喷流。

49

创生之柱

这是一个相当宏大的名号，但对于这个星云来说是合适的。它位于鹰状星云之中。这些高耸的气体和尘埃卷须是恒星形成的托儿所。在那里，新的恒星和类行星系统正在出生和长大。这些巨大的星云从上到下大约有 5 光年远，或者大约 47 万亿千米。从这个尺度来看，我们整个太阳系都可以装在一个微小的手指状突起中，只从"柱子"的顶部突出一点点。这些"柱子"被其上方明亮的恒星照亮，但是这些年轻恒星产生的电离气体强风正在逐渐侵蚀"柱子"，所以你现在能看到它们的所有光芒是很珍贵的。创生之柱太遥远了，只有在最佳观测条件下用最大的望远镜才能看到。然而，它们所在的鹰状星云用小型天文望远镜就可以看到，最佳观测期在每年的 7 月和 8 月。

1. 在夏季的北半球，寻找人马座中的"茶壶"星组（见第99页）。

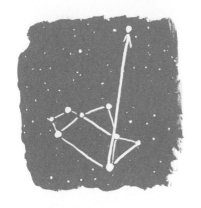

2. 从人马座最亮的恒星箕宿三画一条线，穿过恒星箕宿二，向东"走"大约四倍的距离。

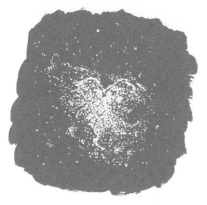

3. 使用低倍天文望远镜或者双筒望远镜，你应该能够看到一个小星团聚集在一起，这就是鹰状星云。但是当心！夜空中的这个区域有很多星云和深空天体，包括礁湖星云、三叶星云和天鹅星云（见第98页）。

50

哈勃深场

哈勃深场图像是有史以来拍摄到的极其令人兴奋的一组照片。这些图片由哈勃空间望远镜拍摄，展示了太空中十分暗淡和遥远的天体。望远镜被指向一个肉眼看不到任何星星的微小区域（只有整个天空的两千四百万分之一），然后开始拍照。当这些图像组合在一起时，令人惊叹的图像出现了。在这片美丽的场景中，几乎每一个微小的细节都有一整个星系。第一张哈勃深场图像显示了近 3000 个星系，有的明亮，有的暗淡，有的红色，有的蓝色，有的大，有的小，但每个都有可能是成千上万颗恒星的家园。

这些星系发出的光之所以暗淡，是因为它们实在是离得太远了。哈勃深场图像揭示了夜空中一些最遥远的天体。这些遥远景象中发出的光需要很长时间才能到达我们这里，但通过这些图像，人类可以及时地回望过去——我们从图像中看到的星系处于宇宙发展的早期阶段。观看这些令人惊叹的图像，我们即在时间旅行。

1. 借用（！）强大的哈勃空间望远镜（或从舒适的家中访问哈勃空间望远镜网站——见第 143 页）。

2. 特意把它指向一个黑色、看似空旷的空间（第一个深场瞄准大熊座附近）。

3. 拍摄 2000 张这种"虚无"的长曝光照片，并将它们组合成一幅图像。

4. 看看最终的照片，你会大吃一惊——即使是看起来最空旷的空间也充满了美丽、遥远的结构。我们生活在一个巨大、繁华、美丽的宇宙之中。

词汇表

以下是天文学中常用的术语列表，更多内容详见前文。

星组 不是星座，而是另一种独特的恒星组成模式。它可以位于一个星座（如大熊座）内，也可以位于星座之间（如夏季大三角）。

双星系统 由围绕一个共同的质心旋转并被同一个重心相连的两颗恒星组成。

天极 在北半球和南半球的天空中的假想点，地球的自转轴如果延伸则将接触到天球（见下条）上的那个点。

天球 一个假想的围绕在地球外部的球体，假设在夜空中看到的天体都坐落在这个球体之上。

拱极恒星 从某一特定位置观看时，绕着天极旋转过程中始终出现在地平线以上的天体。

星团 由引力束缚在一起的一团恒星。

彗星 围绕太阳运行，由冰和尘埃组成的天体。

星座 夜空被划分成 88 种组成图案，每一种均可称为一个星座。

星系 由恒星、气体和尘埃组成，由引力束缚在一起的巨大系统。

球状星团 呈球状的一大团致密老年恒星。

纬度 地球上某点至地心连线与赤道平面的夹角。赤道以北称为北纬，赤道以南称为南纬。

光年 一个长度单位，相当于光在真空中沿直线传播一年的距离。

麦哲伦云 包括两个不规则的矮星系：大麦哲伦云和小麦哲伦云。在南天极附近可见。

磁北极 磁轴北极方向与地面的

交点。这点靠近地理北极，但具体位置会随时间而变化。

月海 月球表面平坦的深色区域。

流星 小行星空间碎片的高速穿入地球大气层而产生的发光现象。

流星雨 许多流星从同一方向和同一时间段进入地球大气层时，就会发生这种现象。

陨石 穿过大气层到达地球表面的空间碎片。

星云 太空中巨大的气体和尘埃云。

中子星 坍缩巨星的致密核心，几乎完全由中子或致密物质组成。

冲 从地球上观察，一颗行星出现在天空中与太阳完全相对的位置时的现象。

光球 太阳的可见表面。

行星系 恒星和围绕它公转的行星们（可能还有卫星、小行星、

彗星等）。

脉冲星 可以发射出射电脉冲的旋转中子星。

类星体 在太空深处发出巨大能量的明亮天体。

折射 光进入新介质时的弯曲现象，例如光从宇宙空间传播到地球大气层时。

超巨星 一颗已经膨胀到巨大尺度的恒星，可能会称为超新星。

超新星 可能由于双星系统（见上文）中一颗恒星从一个伴星吸取了太多的物质，或者一颗恒星到达其生命终期耗尽了燃料导致动力失衡，星体发生爆炸后出现短暂的发光发亮现象。

明暗界线 行星或卫星上分割黑暗面和光明面的线。

全食期 日食期间太阳完全被遮蔽的时间段。

天顶 观察者正上方的天球点。

参考来源

以下是一些有用的应用程序和网站，可以帮助你绘制夜空星图、定位特定的恒星和行星，并提供所有最新的新闻和信息。

手机应用程序

虚拟天文馆（Stellarium）

虚拟天文馆移动天空星图应用程序就像你口袋里的一个小天文馆。它可以提供实时、准确的星图，是在夜空中寻找行星和星座的极佳应用程序。

星图（Star Chart）

这是一款免费的应用程序，提供给你掌上个人星图，让你把手机变成观望夜空的窗口。

网　站

www.skyandtelescope.com
美国月刊《天空与望远镜》有一个很棒的网站，上面有一些给观星者的建议。

www.skyatnightmagazine.com
英国广播公司《仰望夜空》杂志也有一个很棒的网站，里面有很多对初级观星者和专家的建议。在你买望远镜之前，浏览该网站是个不错的选择！

www.nasa.gov
美国国家航空航天局是空间探索和科学发现的先驱！有关太空的最新新闻、图片和视频，来这里看看吧。

www.earthsky.org
这里有为天文爱好者提供的绝佳资源，该网站每天都会更新，拥有大量的天文学基本知识。

www.heavens-above.com
如果纸质星图更适合你，那么前往本网站，了解它们的交互式星图功能，这是手机应用程序的一个有效替代方案。

www.spotthestation.nasa.gov
想知道什么时候可以从你的位置看到国际空间站吗？这个网站上可以查到。

www.hubblesite.org
哈勃空间望远镜的官方网站，你将看到的我们宇宙中最令人叹为观止的美丽图像。

致　谢

　　首先，我要感谢天文馆里善良的人：米歇尔·马克、贝拉·科克雷尔，尤其是独一无二的克里西·马利特。她在本书写作的整个过程中有着坚定不移的积极性，足以让一切好事都能顺利发生！十分感谢玛丽亚·尼尔森，她迷人（而且速度也很快）的插图常带来令人眼前一亮的惊奇。非常感谢达伦·怀特博士的宝贵意见——为我们的工作干杯！感谢谢菲尔德大学物理和天文学系多年前的教育加深了我对天空的热爱。还要感谢所有朋友和家人对我的支持和理解，特别是我的好妈妈，她是本文的早期校对（妈妈，您检查了我30年的撇号错用）。还有我的弟弟戴维，将来他会是一名比我更优秀的作家。同时还要感谢我的父亲，小时候在伯明翰，是他助我爬上屋顶看海尔波普彗星——一个凝望天空的夜晚可以陪伴你一生。最后，最重要也最为珍贵的感谢要献给我的头号支持者、我太阳系中最大的行星——乔夫，我爱你！

图书在版编目（CIP）数据

天空中的50处风景 / (英）萨拉·巴克著 ; (英）玛
丽亚·尼尔森绘 ; 何治宏译. -- 北京：北京联合出版
公司, 2022.9
ISBN 978-7-5596-6271-2

Ⅰ. ①天… Ⅱ. ①萨… ②玛… ③何… Ⅲ. ①天文学
—普及读物 Ⅳ. ①P1-49

中国版本图书馆CIP数据核字（2022）第110718号

50 Things to See in the Sky
Copyright © Pavilion Books Company Ltd 2019
Text © Sarah Barker 2019
Illustrations © Maria Nilsson 2019
First published by Pavilion, an imprint of HarperCollinsPublishers in 2019
HarperCollinsPublishers, 1 London Bridge Street, London SE1 9GF
HarperCollinsPublishers, 1st Floor, Watermarque Building, Ringsend Road, Dublin 4, Ireland
www.harpercollins.co.uk

天空中的50处风景

[英] 萨拉·巴克（Sarah Barker）　著
[英] 玛丽亚·尼尔森（Maria Nilsson）　绘
何治宏　译

出 品 人：赵红仕　　　　　责任编辑：周　杨
出版监制：刘　凯　赵鑫玮　封面设计：何　睦
选题策划：联合低音　　　　内文排版：黄　婷
特约编辑：王冰倩

关注联合低音

北京联合出版公司出版
（北京市西城区德外大街83号楼9层　100088）
北京联合天畅文化传播公司发行
北京美图印务有限公司印刷　新华书店经销
字数95千字　880毫米×1230毫米　1/32　4.5印张
2022年9月第1版　2022年9月第1次印刷
ISBN 978-7-5596-6271-2
定价：59.80元